我
们
一
起
解
决
问
题

The Rules
of Living Well

从活着到活好

美好生活的
100 条法则

[英] 理查德·泰普勒 (Richard Templar) 著

邹 敏 吴彦龙 译

人民邮电出版社
北 京

图书在版编目（CIP）数据

从活着到活好 ：美好生活的100条法则 ／（英）理查
德•泰普勒（Richard Templar）著 ；邹敏，吴彦龙译
. -- 北京 ：人民邮电出版社，2022.9（2023.7重印）
ISBN 978-7-115-59302-3

Ⅰ．①从… Ⅱ．①理… ②邹… ③吴… Ⅲ．①人生哲
学－通俗读物 Ⅳ．①B821-49

中国版本图书馆CIP数据核字(2022)第083752号

内 容 提 要

工作、家庭、健康都很重要，但时间却很短缺。如何轻松、明智地平衡它
们，发挥自己的潜力？如何掌控自己的生活，愉快地享受每一天？

本书是英国畅销书作家理查德•泰普勒的一部经典作品。为了让更多的人
活好，泰普勒基于自己的观察与实践，总结了100条法则，这些法则涵盖了生
活中的平衡、自信、运动、消遣、饮食、学习、育儿、工作、退休等11个方
面。这100条凝练了智慧与经验的极简法则不仅简单、实用，而且可以帮助我
们培养积极的生活态度、成为享受生活的赢家。

本书就是给那些愿意做出积极改变、希望把快乐带给自己和身边人的读者
的人生指南。

◆ 著 ［英］理查德•泰普勒（Richard Templar）
  译 邹 敏 吴彦龙
  责任编辑 田 甜
  责任印制 彭志环

◆ 人民邮电出版社出版发行   北京市丰台区成寿寺路 11 号
邮编 100164   电子邮件 315@ptpress.com.cn
网址 https://www.ptpress.com.cn
三河市中晟雅豪印务有限公司印刷

◆ 开本：880×1230 1/32
印张：7.5   2022 年 9 月第 1 版
字数：150 千字   2023 年 7 月河北第 4 次印刷
著作权合同登记号 图字：01-2021-7052 号

定 价：59.80 元
读者服务热线：（010）81055656 印装质量热线：（010）81055316
反盗版热线：（010）81055315
广告经营许可证：京东市监广登字 20170147 号

你的生活有多忙？我们大多数人每天都忙于工作、社交、学习、做家务、运动、购物、照顾孩子等。在忙这些事情时，你自己身处何地呢？我猜虽然你在自我世界的中心，但你有时只能拥有一隅之地，你的世界被各种需求占据，挤得你无法喘息。你的一隅之地正在被吞噬，你只有在自己的那一方天地能保持健康并感到舒适及满足，才能去应对生活中的种种风雨。你不仅要活着，更要活好。

当然，你不可能每天 24 小时都处于一种幸福的状态。生活总是有起有落，与不幸的时刻相比，幸福的时光显得更弥足珍贵。我想，如果世上真的存在永恒的幸福，那它会让人感到无聊。因此，我更喜欢"满足"一词——虽然生活充满了跌宕起伏，但是在日常事务中，你对自己的生活大体满意。这是一种本质的状态，而不是肤浅的情绪。你也可以将这种状态形容为"康乐""健康"或"美好生活"。不管怎样，这就是一种生活状态，每天都是最好的一天。

在充满冲突和令人发狂的生活中，满足是一种很难实现的状态。在增进（也许更是损害）人类福祉方面，现代社会难辞其咎。但归根结底，我们不能将一切归咎于这个时代，而应为自己的福祉负责。我们需要照顾好自己，自我救赎是最好的方式。即使生活让你惊慌失措，只要你专注于自己，你就完全有可能保持健康和放松的状态。

健康是这种满足或美好生活的基础。为了拥有好的生活，你首先需要拥有良好、健康的身体。为此，你需要吃健康的食物，科学、合理地运动，适时放松身心，保持良好的身体状态，但这并不意味着你需要像运动员一样强壮。你只需要设置一个合理的基准——你能承受疾病或伤痛方面的打击，并快速从中恢复过来。但这种基准因人而异，它取决于你的年龄及潜在的健康问题。你需要找到可以让自己保持健康和活力的基准。

身体健康仅仅是个开始，如果你不顾自己的心理健康，那么你迟早有一天会对生活感到不满。只有像培养健康体魄一样用心地照顾心理上的健康，你才有可能获得满足感。事实的确如此，即使没有健康的身体，你也可以拥有强大的内心，对生活感到满足。例如，随着年龄的增长，我们的身体机能会在一定程度上衰退，但许多老年人仍然把日子过得有滋有味。相反，不管你多么健壮，如果你不照顾好自己的心理和情绪，那你就永远不会感到轻松、惬意。

因此，这套法则不仅为你提供了保持身体健康的指南，还总结了我对心理健康群体所做的观察，我们都可以从中学习。他们了解自己的心理和情感需求，因而对生活的各个方面（如工作、学习、家庭、社交甚至退休生活）都感到满足。在喧嚣的人世间，他们找到了美好生活的法则。为什么不效仿他们，学习他们的人生经验，提升我们自己的幸福感呢？

这套法则不是一些实用小技巧（尽管我可能时不时地提到一些），而是一套指导原则，它们可以适用于任何情况。它们要求你审视自己的内心，了解自己如何工作、思考及感受。别担心，它们并不烦琐；相反，它们非常有趣，并且很有启发性。我一直都非常喜欢观察和学习，我的韧性、自信[①]及应对逆境的能力改变了我。老实说，如果没有遵守这些法则，那么我过去不会如此满足。

这套法则涵盖了专注自我及提升生活满足感的方方面面。我们在生活中经常会遇到各种实用的法则，因此欢迎大家随时在我的 Facebook 页面上分享你自己的法则。我非常开心能听到你的法则，并看到它们被分享。毕竟，互相帮助、彼此照顾对我们所有人都有益处。

---

① 或许我早就用自信伪装了自己。

目录

第1篇　平衡

第2篇　自信

第3篇　顺应

第4篇　运动

第5篇　消遣

第6篇　饮食

第7篇　学习

第8篇　育儿

第9篇　工作

第10篇　退休

第11篇　挑战

后记　如何使用法则　　// 225

第1篇

平衡

我坚信，人们需要在生活的各个方面达到一种令人快乐、健康的平衡。这是对一切事物的适度变化。你可以将它运用到我后面谈论到的生活的所有方面，如运动、家庭生活、学习、退休生活等。人类复杂而又奇妙，世间万事皆有代价，因此你希望享受生活的某个方面就需要付出时间，如果对一方付出过多，那么其他事物所占的时间就必然不足。

当然，这不仅涉及时间分配的问题，你还需要平衡情绪、平衡观点、平衡兴趣，等等。因此，这一篇将探讨如何避免过分关注你生活的某个方面而忽视其他方面的问题。事实上，你的时间是最不重要的部分，如果你乐于把所有闲暇时光用于阅读、慢跑或玩电子游戏，且不会对其他人产生负面影响，那也没关系。重要的是，你满足于你的生活。当然，生活中会经历不如意的日子，这或许是糟糕的几个月，甚至是几年，但良好的平衡方法将帮助你应对生活中的不幸时期，并收获美好时光的全部价值。

第1篇中的法则为你健康、满意的生活奠定了基础，事关你对生活的潜在态度，这些法则是所有后续法则的基础。

法则 1

学会"看轻"自己

本书并非是让你只关注自己。对此，我必须坦诚相告。为了帮助你过上美好的生活，本书介绍了 100 条各式各样的法则，而学会"看轻"自己是第一条法则。[①]

我并不是在为难你，也不是为了责怪你，更不是在斥责你过分自我。我在努力提供帮助。事实上，那些总想着自己的人很少获得快乐。这不是我的一家之言，已有研究证实了这一观点。只要你认真想想，这个结论就不让人意外。当你把注意力放在自己或其他事情上时，你可能会关注一些细枝末节，例如那些你不具备却十分渴望的品质、金钱、社会关系等。没有人的生活是完美的，生活中总会有一些你无法改变的事情，至少现在难以改变。你越耗费时间思考这些缺陷，它们在你大脑中就越重要，你就会因此变得越敏感——感到自己被冷落、被歧视或被忽视。

我们都认识这样的人：他们总喜欢谈论自己，即便你试图转移话题，他们也能把话题绕回到自己身上。他们认为凡事都与自己相关，

---

① 读完本书，如何做到"看轻"自己取决于个人。

例如，认为上司调整值班表是出于某种原因要惩罚、指责或刁难员工，并非单纯为了提高效率，或者认为上司根本没有顾及员工的想法，只是为了平衡人力和事务。他们根本没有意识到，上司这样做，并不是针对员工个人。因为这些人总是以自我为中心，所以他们无法理解自己不处于中心的宇宙是什么样子的。

一方面，我希望你拥有最好的生活，但若你从不考虑自己的需求，你便无法过上美好的生活；另一方面，如果你想要平衡生活的方方面面，那么你就不能总是关注自己。你需要清楚自己在大环境中处于哪个位置，在整个世界中又身处何处。你需要目光朝外，这才是幸福的方向。

> 如果你想要平衡生活的方方面面，那么你就不能总是关注自己。

我讨厌这些词，如"私人时间""为了我"。你所有的时间都是私人时间，一天 24 小时都是。难道你不是把所有时间都花在自己想做的事情上吗？你可能并不喜欢这些事，但最终你还是要去做。例如，虽然我不喜欢做家务，但我不想住在"臭猪圈"里；虽然我不喜欢小孩子胡闹，但我想要为人父母，我相信我总能摸索出一套办法应对小孩子的臭脾气；虽然我不喜欢我的工作，但我需要钱。我本可以换一份工作，或是在大街上流浪，但是我不想做这样的选择。自己的时间，自己做主。我认为私人时间背后的含义是闲暇时间，闲暇时间的概念本身并没有问题。"私人时间"这个词的问题在于，它暗示着除它之外的时间都不够好，其他时间的事情都不是你的选择，这使你很难去积极地体验其他活动，并承认你选择了这些活动。

此外，这个词似乎也暗示着，你认为生活中你比其他人都重要，最好的时光理应留给个人享受。就我而言，这听起来极其危险，似乎平衡正在被打破，你在偷偷步入以自我为中心的舞台。虽然这看起来极具诱惑力，但它会让你失去美好的生活。

法则 2

不要与他人攀比

法则 1 告诉你不能总是关注自己，然而你也可能误入歧途，过分关注他人。他们获得了什么？他们在做什么？他们的生活又是怎么样的？

这些其实并不重要。即便别人开豪车，孩子听话懂事，工作前程似锦，甚至一周只需工作三天，他们的生活也未必如表面般光鲜亮丽，豪车或许频频出现故障，孩子或许在无人照看时大吵大闹，工作环境或许不甚健康。他们背后的故事可能满地鸡毛，这些你都无从知晓。他们可能在与命运抗衡，与恶魔斗争，你去羡慕他们所拥有的一切毫无意义，因为你只看到了风光的一面，而纵观全局，他们的生活或许并不是你想象中那样。

关注他人（可能）所拥有的东西并不会让你幸福，你应关注自己所拥有的一切。因为你就是你，这是你的人生，与他人进行比较徒劳无益。当下未必代表将来，你可以设立自己的人生目标，并拥有为之拼搏的雄心壮志。你有自己的起跑线，和其他人的起跑线不在同一个地方。

你应该去了解他人拥有什么，你可以说"我也想去那里度假""我之前怎么没想到去做兼职，每周多一天时间陪伴家人、做园艺或睡觉"。然后把看到的一切为你所用，以此启发、激励自己去设立目标，而不是把自己和他人进行比较。因为这很容易变成竞争，而且这对他们并不公平，因为他们很可能并不知道自己已身陷战局。同时，这对你自己也不公平，一是你的起跑线落后于他们（你想得到他们已经拥有的），二是在你成为赢家之前，你都不会快乐，并且很可能永远不快乐。与他人的人生赛跑只会让自己不快乐，你获得了什么变得不再重要，反而让求胜的欲望喧宾夺主。

> 与他人的人生赛跑
> 只会让自己不快乐。

我看到很多人，终其一生都未得偿所愿，他们忙于效仿他人或与他人较量，反而忘记了审视自己的内心。他们为了取悦父母，与兄弟姐妹暗暗较劲；他们把事业看得比孩子重要，或把孩子放在第一位，最后才发现这对他们来说并不是最好的选择。

要知道，与他人进行比较实质上还是关注自己。你不仅过度关注他人的生活方式，而且反过来将其施加在自己身上。因为你把它作为检验自己成败的标准，所以你还是回到了自己身上。看吧，想要平衡并没有那么简单。

法则 3

适时看向别处

你不能总关注自己，也不要与他人攀比。你应该做些什么呢？
我并不是让你不去考虑别人。只是把他们与你联系在一起没有丝毫好
处，你不必一较高下，也无须争强好胜。你只需要避免这些，适时看
向别处，这才是通往幸福的道路。

我的朋友中，有的人遭遇过人生不幸，如亲人去世、离异或身患
重疾，他们能安然度过这场人生的冬季，是因为他们适时地看向了他
人。他们看向的可能是孩子或工作（一份需要关心他人的工作），也
可能是需要帮助的挚友或是一场慈善活动。不管是什么，这剂良药并
不在于活动本身，而是它转移了他们的注意力，使他们把关注点放在
了别处。

你可能认为那些生活的苦难发生后，你需要更多地关注自己。这
可以理解，也完全合乎情理。但是我们不是在谈什么是合情合理的，
我们只是在讨论什么能让你健康且快乐。从我多年观察他人的经验来
看，我可以明确地告诉你，秘诀在于看向别处。

在事情发生后，思考哪里出了问题，应该采取什么具体的措施，

得到了哪些经验和教训，这些都没错，甚至可以说是聪明的。例如，你为某人的去世悲痛欲绝，你满脑子都是这个人，但是要适度，不要让这件事整日萦绕于心。这会让你伤心难过，如果这个人爱你，这会是他想要看到的吗？虽然深思熟虑有助于处理和领悟自己的情感，但你需要避免陷于悲痛之中无法自拔。

> 一旦你开始沉溺于
> 自己的不幸遭遇，
> 下行通道便打开了。

一旦你开始沉溺于自己的不幸遭遇，下行通道便打开了。你会立刻变得悲伤、焦虑、不适或沮丧，甚至几种情绪同时翻涌而来。你一直执着于自己和自己的烦恼，你本已经历一段可怕的遭遇，现在又让自己置身于另一场噩梦中。

相反，假如你找到了一个需要你帮助的人，那会分散你的注意力，你不会过度考虑自己。不管他们的烦恼与你比是多是少（请记得与人比较毫无帮助），他们都会让你发现一些不同视角。也许是某个人需要很多帮助，或者是几个人需要占用你些许时间，这都不是重点。不管他们是需要情感支持还是实际帮助，都会让你把注意力转移到自己以外的别处。

最重要的是，帮助他人会赋予你生命的意义，你会感觉自己活得是有价值的。另外你的自尊会得以提升，而你的自尊可能刚受到生活的痛击。这就是帮助他人的益处，它远远超过电子游戏、运动和园艺等消遣，虽然它们也能帮助你转移注意力。这就是为什么你不能等到生活支离破碎时才向他人施以援手。为他人服务在我们生活中起到了积极的作用。这样做，我们既会增强自信，又不会过多地关注自己，这是双赢。

逃避不可耻但无用

我认识一位母亲，她十几岁的女儿正经受着心理健康问题的折磨。她为女儿的痛苦忧心忡忡，却又无能为力。为了转移注意力，她让自己埋头在工作中。她有自己的生意，所以大部分时间不在家。

你觉得这样做对吗？我们不要把她的女儿牵扯进来，她已经是成年人了，可以自己独立生活。如果她需要人陪着她，那么她的父亲会在家照顾她。我是想问这个母亲用工作转移注意力对她而言是否是有益的？

这个问题有点难，因为我们无从回答。答案只有这位母亲知晓，也只有当她坐下来好好思量时，她才知道。事实上，这可能有益，也可能有害，最终取决于她具体怎么做以及为什么这么做。在类似的情境下，我们都需要意识到这一点。

对于很多事情来说，转移注意力都是一个被低估的有效策略。当你快要被强烈的情绪压垮时，它是绝佳的权宜之计，而且很容易把你从无法改变的无妄之忧中解脱出来。例如，孩子第一天上学怎么样？如果我母亲的手术不像医生所想的那么简单怎么办？我出门之前真的把猫放进笼子里了吗？

不过，完全逃避自己挥之不去的情绪绝对是有害的。最好的情况是，你解决这些问题只是个时间问题。而最坏的情况是，你会给这件事充足的时间去恶化或扩大，当你最终不得不面对它时，它会变得更加棘手。你可以逃避事实，但你无法逃避自己的情绪。它们往往会从某个地方突然冒出来，如常见的焦虑、一次错误的决定甚至皮疹。如果你只是逃避一次失礼引发的尴尬情绪，那没有关系，但如果你想要忽略必须面对的强烈情绪，那是难以逃避的，你必须迎难而上。

> 你可以逃避事实，但你无法逃避自己的情绪。

解决问题的关键在于学会平衡。一些小事情自然会过去，你不必在意它，只需转移注意力，但对于一些无法摆脱的重要事情，你不能置之不理。所以你要有清晰的自我认识，要清楚你什么时候可以把分散注意力作为一种策略，并结合实际情况权衡它是否是一个好方法。如果这些情绪是你必须处理的，那么你可以把注意力放在别人身上，继续按部就班地生活，这没有关系，但也要留出一些时间来处理你的愤怒、压力、悲伤、担心和恐惧。这可能需要耗费几个小时、几天甚至几年的时间，但转移注意力所做的事能帮助你应对那些焦虑不安的漫漫长夜、在车里呜咽哭泣的心碎时光或和心理咨询师见面的诊疗周期。

这都是需要我们自己完成的思考。这也是为什么我们并不清楚那位母亲是否是这样做的。只有你知道自己是否学会了平衡，你必须为自己处理情绪的方式负责。

法则 5

遵循精力兴衰周期

当孩子们还小的时候，我和妻子有一套自己的方法来安排全家度过周末和假日。如果我感到压力来袭，那么我会休息一小会儿（有时是她让我休息一下）。10 分钟之后，我便能够精神抖擞、兴高采烈地回归"战场"。而我的妻子从孩子们醒来到上床睡觉，她几乎不休息，她需要应对争吵、胡闹、混乱和尖叫。

你可能觉得这不公平，但我们对这个安排都很满意。当孩子们入睡后，她就瘫倒在沙发上，直到上床睡觉。与此同时，我会把碗碟装进洗碗机、收拾厨房、最后再遛一次狗。换句话说，早些时候的休息时光在此时会弥补回来。

我们都有自己的节奏和精力兴衰周期。我的妻子希望她能连轴转，她只要停下来一会儿，精力就会下降，她就不想再动了。我的精力周期则不同，只要中途偶尔休息一下，我就能一直坚持下去，直到上床睡觉。事实上，我不喜欢一天最后几个小时坐着不动，我更愿意找点事做，最好每半个小时就站起来做点什么。

假设我们之前没有找到这个方法来协调和规划我们的精力，我们就会过得很辛苦。了解自己与生俱来的精力兴衰周期以及与你在生活

和工作上亲密相处的那些人的周
期非常重要，这样你就可以花更
多的时间去顺应精力兴衰周期，
而不是和自己作对。

花更多的时间去顺应
精力兴衰周期，
而不是和自己作对。

有些人早上起来就精力充沛；有些人则喜欢在早晨思考难题。你可能在周一工作最有效率，也有可能在打了很长时间的电话后再也没有精力起床做饭了。

一旦你了解了自己的精力兴衰周期，无论是情绪、智力还是体能方面的，你就能与它和谐相处。何必反抗周期？你可以在前一天早晨为销售会议做好准备，在傍晚时分遛狗，在"煲电话粥"之前准备好饭菜，或者每天锻炼15分钟而不是每周一两次的长时间锻炼。当然，生活并非事事遂意，即便你是早晨工作效率很高的人，如果你整个下午都在办公桌前打盹，老板对此也不会满意。但是，当你知道自己的精力起伏规律时，你会惊讶地发现，你能更好地遵循自身的精力兴衰周期，进而更好地了解自己的需求。即使是在和最好的朋友"煲完电话粥"后，你也能尽情享用奶酪和饼干。

记住，其他人做什么并不重要。你的同事每天早上8：15就进入工作状态，你的兄弟经常每天花1个小时在健身房锻炼身体，那又怎样呢？无须在意。只要知道什么对你是最好的，然后尽可能多地去做就好了，这会让你的生活轻松很多。

法则 6

制定清晰的规则

保持干净整洁从来都不是我的强项，所以我并不太喜欢这个法则。无论是做到物理空间的整洁还是精神上的洁癖，我觉得这都不是一个容易遵守的法则。但我知道假如自己能够做到，那我肯定会变得更快乐，因此我决定要以谦卑的态度将其传承下去。

虽然同时进行多项任务是机智的，但这对于你和你周围的人来说不会轻松。很多时候我们都需要身负多重任务，例如在工作时一边打电话一边签署文件，在家一边做饭一边照顾孩子，一边遛狗一边在脑海中预演第二天的会议。这项能力既重要又有用。

但很多时候，我们不必如此。事实上，一心多用可能并不正确。很多研究表明，如果你同时做不止一件事情，那么至少有一件事会受到影响。这是一个你不需要看研究报告就清楚的道理。当你看手机的时候，你并没有认真听对方讲话。

> 当你看手机的时候，你并没有认真听对方讲话。

你需要在生活中找到一个平衡点。你可以多管齐下，也可以一心一意地对待一项工作任务、一件家务、一个人、一只宠物或一次活动。我们很容易三心二意，把时间花费在几件事情上，而没有全神贯注地做好一件事。

你的内心深处清楚地知道哪些时候或者哪些活动需要你全情投入。我敢肯定你知道事情的轻重缓急。这要看是什么人或什么事，例如你要与同事交流，或是陪孩子嬉闹，抑或是与朋友讨论。现在为自己设定明确的基本法则吧，规定何时以及如何保持专注，做出明确的界定。

虽然科技产品并不是唯一让人们分心的事物，但它危害极大。我们可以制定一个规矩，例如，吃饭的时候不要碰手机，或者给孩子讲故事的时候把手机放在一边；晚上在一个固定的时间段陪伴伴侣，双方专注于彼此，不要处理其他事情，也不要去查看邮件。

制定清晰的基本法则，让你和你身边的人都能从中受益。诚然，每个人的基本法则并不相同，并且会随着时间的推移而改变。但我们都需要这些规则，它们能让我们放松下来，保持沉着、冷静。有些规则似乎刚开始执行的时候很难，特别是那些要求与科技产品减少联系的规则，但如果你把它们拟定出来，并且持之以恒地执行下去，那么你很快便会发现自己变得更加平静和快乐了，不仅情绪更加积极，你的人际关系也会得以改善。

法则 7

清楚你在平衡什么

前几条法则已经提到，在日常生活中找到平衡是拥有幸福美满生活的关键。生活充满了意外，这也是生活的乐趣所在。所以，一个稳定、平衡的基准法则可以为你提供一个基点来保持健康的生活，在每次你即将脱离正轨的时候把你拉回原点。

这不仅关系到你的日常生活。人们往往身陷生活的喧嚣嘈杂中，像坐在弹球机里一样从一天蹦到另一天，疲于与生活搏斗。若诸事顺利，那再好不过了。但你也需要时刻顾全大局。

虽然这不是你每天都需要考虑的事情，但你得时不时地提醒自己，评估一下你在平衡什么。你是否在工作、家庭、朋友和事业等重要领域充分平衡了时间和精力？忙于工作的同时你有没有忘记去寻找或维持一段感情？你有足够的时间和朋友一起谈天说地吗？你上一次纵情地做你喜欢的事情是什么时候？虽然目前工作进展顺利，但你制定长期职业规划了吗？

这些问题并不一定针对你。如果你不想去谈恋爱，不想去打高尔夫球，或者不想在事业上有所提升，那你就不必去做。重要的是，你要在深思熟虑后做出这些选择，你要确保自己不会在 5 年、10 年、20 年之后蓦然回首，才意识到自己本应该花更多的时间陪伴父母、换一份工作或坚持打篮球。

为了避免这种情况，你需要清楚你是如何平衡生活中种种大事的。适合你的就是最好的，你可以随心所欲地砍掉花在某个领域的时间，但为了自己的利益，这些决定一定是经过深思熟虑的，而不是一时冲动做出的。

为了获得幸福，大多数人需要变化。例如参与丰富多彩的活动，让生活节奏复杂多变。在忙

> 为了获得幸福，
> 大多数人需要变化。

碌的同时也请放松自己，对比之下，忙碌会使放松更加令人愉悦。无论我们是独处，还是与人相处，抑或是照顾他人，我们的生活都需要一些压力。有些形式的压力永远不要选择，积极的情绪压力好于消极的情绪压力。然而，我们也需要学习处理日常的负面挑战，以便在重大事情到来时能做到有所准备。

请认真思考：这一切是为了什么？对你来说什么是最重要的？怎样保持积极、健康和理智？你是否在工作上花费了太多时间，或者没有留给其他方面足够的时间？如果你经常自省，那么你往往只需要做出小改变，而不是大动作，所以请时常关注自己人生的蓝图。

法则 8

想做的事情，现在就去做

你有多少次听到人们说，"当孩子们离开家后，我们就去环游世界""一旦我有了足够的钱，我就要辞去工作，自己创业"。我们都有过这样的经历——为长远的未来制订计划。我们梦想着，也期待着。

我最近看到一组关于人们建造房屋的有趣数据，这对很多人来说是一个长期的计划。显然，在那些说自己想要建房的人中，90% 的人从未真正做过。也就是说，其中 90% 的人从未真正实现过他们的梦想。这想想就让人沮丧。

那么他们为何不做呢？我猜测他们中的有些人喜欢这个想法，但不愿承担相应的风险；有些人可能无法解决资金或选址方面的实际问题；有些人可能为生活所迫，因此梦想更难以实现，或者根本就没有梦想；有些人可能没有时间去实践，直到他们上了年纪，无法承担这个项目。

这难道不可悲吗？虽然一些人会轻易翻过这一页，而且不会后悔，但问题是，90% 的人都存在这样的情况。很多人回顾过往，悔不当初。为什么他们没有行动呢？关键在于，生活如白驹过隙，现代社会要求我们着眼于当前，而非触不可及的未来。

你的梦想可能是生几个孩子、攀登珠穆朗玛峰、成为一名音乐家、搬到乡下住或成为作家，你如何确保自己不会成为那90%的其中之一呢？答案显而易见，请不要想象未来，现在就行动起来，去实现它。我知道马上行动并不适用于一切梦想，但是你可以带着孩子坐船环游世界，或者辞去高薪工作成为一名艺术家。有些人能做到，为什么你不去尝试呢？也许你有不错的借口不去将想法付诸实践，如果是这样的话，那就认真思考是否要行动，这样的思考有助于你认识到自己是否拥有梦想或喜欢现实。了解自己的想法的确是有益处的。并不是每个人都适合与他们的孩子一起环游世界，我敢说大多数人都不适合，但你可能适合。

如果做不到这一点，那就起草一份计划书。不要只是空想，而是要有目标、日期等严谨的规划。你什么时候会辞掉工作？你需要存多少钱？你真正想要什么样的自建房屋？在哪里建？你应该从现在开始做什么准备？这种严谨的计划意味着当你真正做这件事的时候，你有明确的规划，而不是仅仅停留在谈论和幻想中。

> 严谨的计划意味着
> 当你真正做这件事的时候，
> 你有明确的规划，
> 而不是仅仅停留在
> 谈论和幻想中。

你的一生不应止于幻想，如果你不行动，那你就永远不会实现你的梦想。所以，把一些梦想留给遥远的未来吧，例如那些白日梦，并保证另一些梦想得以实现。为什么要把今天的梦想推迟到明天呢？

法则 9

活在过去、活在当下与活在未来

这条法则是最终的平衡方法。本书中有些法则建议你活在过去，而有些法则劝你活在当下，还有些法则告诉你展望未来就会收获更多的快乐。其实真正的秘诀是三者兼而有之，并保持三者之间的平衡。

如果从不思考过去，你就无法从经验、错误和成功中吸取教训。所以，为了充分利用现在和未来，有时你需要回顾过去。过去承载了你所有的记忆，许多记忆成了快乐和慰藉的巨大源泉，即使它们有时是苦乐参半的。此外，过去也是放纵、自怜、内疚、羞愧、后悔以及许多痛苦情绪的家园。你需要经常去那里，但是要小心陷阱，当你需要的时候，不要忘记如何找到出口。

> 小心陷阱，
> 当你需要的时候，
> 不要忘记如何找到出口。

我们都必须活在当下，这是不可避免的。若尽享此刻，则乐趣无穷，因为你无须在当下考虑结果。我年轻的时候，有一次我躺在沙滩上，我的头发很长，海浪从我身边冲过，我的头发里满是沙子。后来我花了几个小时才把它洗干净，但当我躺在沙滩上时，我并没有想过这一点，所以它丝毫没有减少我的快乐。然而，过于关注当下的人往往难以应对变化——变化是生活中不可避免的一部分——这是因为那些过于关注当下的人从来没有为变化做过计划或准备，他们本应展望未来，而展望未来却不是他们的风格。如果不回顾过去，那么他们就更难从错误中吸取教训，例如没有为不可避免的改变做好准备。

那些倾向于活在未来的人呢？保持乐观对于他们来说要容易得多，因为他们相信明天总是新的一天，一切美好的梦想总有一天会实现。你可以制订计划，做好准备，只要你付出努力，就很可能会梦想成真。只要你不去为无法改变的事情而烦恼，活在未来就会是一个令人愉快又兴奋的方式。问题在于，当你花大量时间去拍摄完美的日出照片时，你并没有真正地放松和欣赏日出本身，此时此刻你可能会忘记享乐。你无法享受海浪冲刷你的感觉，同时你还在担心如何把头发上的沙子洗干净。正如前一条法则所示，如果你真正想要的东西总是在未来，那么你永远不会真正得到它们。

正如斯克鲁奇（Scrooge）在《圣诞颂歌》（*A Christmas Carol*）结尾所决定的那样，你应该活在过去、活在当下以及活在未来。这三种心态都能给你带来满足和快乐，你只需要了解什么时候接纳哪种心态，什么时候放下哪种心态。

第 2 篇

自信

如果你想成为快乐和成功的人，那你就需要自信——对自己有信心，对自己的选择有信心，对自己面对世界的方式有信心。你肯定不希望一辈子对自己所做的每件事、每个决定都心存疑惑和担忧。

这不是自大、自满或过度自信。当然，这种情况经常发生：你可能会苦苦思索什么是最好的做法，或犹豫是否学点什么以备不时之需。质疑自己并没有错，但你需要基于浓厚的兴趣和学习的欲望，而不是因为缺乏自信。

最重要的是，你不必担心别人怎么看你。如果有人问你二加二等于几，然后他在你回答是四的时候嘲笑你，你知道那是他的问题。如果你大方、自信，即便他们嘲笑你的穿着、口音或抚养孩子的方式，你也不会把问题归咎于自己。只要你知道自己已经深思熟虑，并且对自己的选择感到满意，那么别人怎么想，对你的自信和自尊并没有影响。即使你倾听他人意见（这也是不错的做法），认为他们的观点有些道理，你也不必质疑自己的人格——你只需改变自己的某种行为，并为学到一些东西而心存感激。

因此，第 2 篇中的法则旨在帮助你树立自信，因为这是你在工作、家庭生活、与家人和朋友相处过程中获得幸福的基础。

法则 10

你的情绪你做主

你的自信程度在很大程度上取决于别人如何看待你，或者更确切地说，取决于你以为的别人对你的看法。事实上，很多缺乏自信的人认为别人觉得他们愚蠢、毫无吸引力或无能，但事实上，人们看到的可能根本不是这些。所以，你是在用别人对你的评价来评判你自己，而这是让你感到不安的原因之一。并且，他们可能根本不是在评判你，而仅仅是担心你对他们的看法。

但当这些所谓的观点影响到你的感受时，问题就会出现。即使有人告诉你，你的工作很糟糕，或者你是一个糟糕的家长，你也不必认同。我的一位朋友是个出色的室内设计师。如果你质疑她的设计方案，她会很自信地向你解释为什么它会有不错的效果。但如果你质疑她抚养孩子的方式，那她就会感到痛苦，认为自己不够称职。这是为什么呢？因为她对自己的工作很有信心，但对自己的育儿技巧却没有信心。许多人在生活的不同领域中都有不同的自信水平。

除了你自己，没有人会对你的感受负责。重要的是你怎么

> 重要的是你怎么想，
> 而不是别人怎么想。

想，而不是别人怎么想。无论是在某一方面缺乏自信，如作为父母或对于工作，还是更普遍的缺乏社交自信，你都需要关注自己的观点，不受他人想法或言论的影响。

所以，忽视他人，由自己判断工作是否达到你的预期。就算没有达到预期，也不要感到痛苦和不安，行动起来去改变它，例如深入思考、采用新的方式、寻求帮助、参加培训，或者换一份你擅长的工作，这样你就能对自己的工作感到自信和安全。不要让别人左右你的感受。

你要善于发现自己的缺点并改正它们，这样做也适用于建立社交自信。如果你希望自己更加自信，那就要付出努力。不要认定自己不擅长，或永远不会擅长。你可以通过学习技巧和策略来培养自己的社交自信，让自己稍微走出舒适区，直到感到适应后，再准备好进一步拓展这个区域。思考一下自己缺乏自信的原因同样也会有所帮助。有时根源在于过去，例如你父亲曾经对你说的话，或者你在学校被欺负的经历。现在你已经长大了，你可以脱掉那些"不合脚的鞋子"，穿上更适合你的"鞋子"了。在分析了社交焦虑的根源后，你会更容易有意识地做出改变。

至此，你可能已经想明白了，你不能太在意别人对你的差评（不管是真实的还是你感受到的），你也不能太在意他们的好评。如果有人赞美你、欣赏你，或对你表示尊重，这很好，我希望你获得快乐，但永远不要让它取代你对自己的真实评价。

法则 11

认识你自己

位于德尔斐（Delphi）的古希腊神庙是著名的神谕圣地，它的院子里有三座石碑。第一个是"gnothe seauton"，翻译过来就是"认识你自己"。它曾被包括苏格拉底在内的许多人引用过，并且被誉为"智慧的基石"。"认识你自己"更像是终极法则。

这是法则 10 的延续：你需要诚实地、毫不畏惧地评价自己，无论幸福还是不幸，无论疾病还是健康。如果你有强大的自我形象，那么你不需要被别人的赞扬或批评所影响。在内心深处，你要对自己有一个清晰的认知。这与你的所作所为无关，它们只是表面的东西。所以，你的销售说辞是否被准确理解，你的计划是否适合经营慈善机构，你是否应该去参加你妹妹的生日聚会，孩子们是否睡得太晚，这些都无关紧要。

了解自己就是认识内在的、真实的自己，并且为自己的行为负责。那么如何了解自己是谁呢？你需要了解驱动自己行为的潜在价值观，因为最终是这些价值观定义了你。你的信仰是什么？你坚持的信念是什么？某些信仰似乎更被你看重。有些信仰很宏大，如民主、

人权、宽恕；有些则更具体，例
如，作为一名经理，你认为把责
任分配给团队中的每个人是很
重要的。有时这可能会出现问
题——你将会分析哪里出错了以及如何防止它再次发生。即使结果不
如你所愿，但你做了真实的自己。

你的信仰是什么？
你坚持的信念是什么？

因此，事后评价这些表面上的行为是否正确并不重要。我们都会
犯错，也都可以纯粹靠运气而非判断就出色地完成任务。但最重要
的是激发自己行为的价值观。

我不是在为你总是做糟糕的决策找借口，因为如果你对自己的行
为充满信心，并且愿意不断学习，那么你就不会允许这种事情发生。
你会原谅自己的错误并从中吸取教训，以便下次做得更好。有时你甚
至会改变你的价值观，如果你致力于学习和提升自我，那么你必须对
这种可能性持开放的态度。

你也应该明白，当别人批评你的行为举止时，这不应该打击到
你的自信心，因为他们并不是在评论真实的你。如果你了解自己，坚
定自己的信念，那么你自己的观点比任何人的想法都重要。真正能让
你停下来思考的批评是当有人质疑你的价值观时。我们通常会在一生
中坚守某些价值观，而在经历教训后，我们会调整或反思这些价值
观。这才是真正的成长，因为只有当你的价值观发展时，你才能真正
成长。

法则 12

接受自己的缺点

我有时会脾气暴躁；有时会过于兴奋，打断别人说话，不能好好倾听。我清楚这些都是自己的缺点。并且，我有时还会陷入一种阴郁的情绪并沉溺其中。我们都有缺点，这就是人之所以为人的原因。

因为这些事情而自责，或者因此觉得自己是个坏人，都不是一件好事。事实上，有缺点并不意味着你很差劲。我知道有些人一贯很冷静，但我不认为自己比他们差。我可能比他们付出了更多的努力来保持冷静，即使我并不总能做到镇定自若。总之，他们有着我没有的缺点。虽然我或许不知道是什么缺点，但我肯定他们有缺点，因为他们是人。

> 承认并接受自己的
> 弱点并不意味着你可以
> 嬉笑着纵容它们。

显然，我在试着控制自己的坏脾气。承认并接受自己的弱点并不意味着你可以嬉笑着纵容它们。你不能简单地说"这就是我"（这不是一张"免罪卡"），然后继续打别人的脸。你不能因为事情变得困难就选择放弃，或让别人去承担，而你却跷起脚休息。

我们需要找到克服弱点的方法。当你对他人造成不利影响时，要学会道歉。虽然我很爱喝咖啡，但是我减少了咖啡因的摄入量，因为我知道喝太多咖啡会让我烦躁。即使在我过于兴奋的时候，我也会有意识地努力倾听别人说话，而且我会积极地鼓励别人告诉我，自己是否变得过于强势（特别是我的妻子，她不需要我的鼓励也总是能告诉我）。

因此，你需要诚实地承认自己的弱点，并努力改正它们，但也不必吹毛求疵。这只是人性的一部分，人人皆是如此——每个人都需要克服不同的弱点。事实上，如果你不喜欢"缺点"或"弱点"这类表述，那么你可以将其称为"挑战""挫折"或"角色故障"。不要让它们听起来微不足道而因此忽略它们。

为什么这条法则会出现在"自信"这一篇呢？我们容易对自己的坏脾气、愤怒、懒惰或粗心大意等性情感到焦虑。然而，自信并不等于完美，如果你已经知道你有一个弱点，那么别人的差评就不会让你惊慌了。你了解这个弱点，并且正在努力克服它，你可能并不完美，但已经得到了很大改善。别人不会告诉你任何未知的事。如果你对此很有信心，你可以这样回应："抱歉，我知道我有时会易怒。我正在努力改正，但你也看到了，我还没完全克服它。"

法则 13

喜欢你自己

如果你的余生都要和某个人在一起，这个人跟你去往各处，随你走进每个房间，那么你必须学会和这个人相处，只有这样你才能应对各种情况。你最好去享受他的陪伴、珍惜他、欣赏他。令人惊讶的是，你已经无法摆脱这个人，这个人就是你自己。

如果你不喜欢自己，也不尊重自己，你的自尊就会降低，你的自信也会随之降低。有些人和自己相处得很好，而另一些人则觉得与自己相处很难。这在很大程度上取决于先天性格，或者童年的影响，但无论出于什么原因，人都可以喜欢自己。

你必须避免一个误区，确保自己不会落入这样的陷阱：你认为自己不值得被喜欢。实际上，钥匙掌握在自己手中，因为你有能力改变自己认为不喜欢的事情，而不是那些对任何你不喜欢的人所做的事情。所以请调整自己，直到你喜欢上自己目之所及的一切。

如果你陷入自我厌恶的泥沼，那么你需要和自己拉开一点距离。我们能看到别人所看不到的自己，所以我们总以为他人没有过这种不值得的感受或者不光彩的动机。相信我，他们也有。人皆如此，这是正常的。所以不要给自己设定比别人更高的标准。根据你看得见的部分来评估你自己，因为那也是你评价其他人的方式。

试着冷静地看待自己。然后，你需要对自己进行诚实的评价。但是，如果你要坦然接受自己的缺点，那你也应该欣赏自己的优点。你擅长什么？不是数学、编程或烹饪，也不是运动，别人喜欢你不只是因为你擅长什么。你是一个好的倾听者吗？你待人公正、体贴周到或温柔善良吗？把这些都写在你的优点清单上。

> 我们总以为他人没有过这种不值得的感受或者不光彩的动机。相信我，他们也有。

思考你喜欢和珍视别人的哪些品质。你认为什么样的品质会让一个人值得你喜欢？我相信你也同样具备这样的品质。无论出于什么动机，那些是我们提到过而你却看不见的东西。你的朋友总是慷慨大方，他这么做或许只是为了讨人喜欢，或者希望你也会慷慨地回报他，这有关系吗？这是人类的天性，无论出于何种动机，慷慨的人仍然是慷慨的。所以不要觉得别人是真诚的，而你是别有用心的。无须引述哲学，每个人都有不可告人的动机。

那么，你不会改变自己的哪些特质呢？至少从喜欢上自己的这些特质开始。为每一个改变奖励自己，无须每次都追求完美。你应试着喜欢一直在努力提升的自己。这并不容易，可能需要一辈子的时间。但你有一生的时间，所以请从现在开始吧！

法则 14

语言改变人生

犹记数年前，我参加孩子学校组织的家长会。孩子的几位老师非常礼貌地对我说："他学习上有些懒散，他觉得无聊就会放弃，态度也不认真。"为了缓和气氛，老师们又称赞他对于班级十分重要：他很从容、随和，也不记仇。

在我看来，这些都很像同一组性格特征。对于学习，老师们用的是像"懒惰"这样的消极词汇，而对于他的社交活动，老师们用的是像"从容"这样的积极词汇。这完全是一个观念问题，你可能被贴上"懒惰"或"从容"的标签。尽管它们是相同的特征（至少是同一特征的两面），但会影响你对自己的看法。

语言是危险的，这只是其中一个例子。给你贴标签的人可能是你的父母、老师或朋友，也可能是你自己。看看有多少人明明不胖却给自己贴上"肥胖"的标签，然后因为"肥胖"而痛苦不堪。有的人实际上很聪明，却觉得自己很愚蠢，从来没有掌握考高分的技巧。所以他们从中学直到大学毕业成绩一直都很差，被贴上了"愚蠢"的标签。你一定认识这样的人，他们的反应非常快，但不擅长考试。

所以，如果你需要提升自信，那就想想自己或别人对你的负面评价，然后找到它的反面，即积极的一面。当你自言自语时，把这些话替换成你的内心独白。不要再告诉自己你很懒惰，开始用"从容"这个词。建立一个新的词汇库，用积极的词汇来描述自己。

想想自己或别人对你的负面评价，然后找到它的反面。

例如，你是不可靠，还是无忧无虑？你是不合群，还是喜欢独处？你是不计后果，还是勇敢？你是肥胖，还是不瘦？无论如何，这不是一种性格特征，你也没有理由不喜欢自己。你不喜欢那些你认为肥胖的人吗？当然不是（如果你遵循法则的话）。你可以选择描述自己的词，然后用它们代表你对自己的态度。

这是学会如何喜欢自己，而不是为自己找借口。你不能仅仅通过找到一个听起来不错的词语来为所有行为辩护。前面我已建议你要对自己坦诚，所以不要找理由讨厌自己。你的很多品质其实都值得被人喜爱，只因你用了扭曲的视角看待它们。

法则 15

与众不同是一件好事

我的妻子讨厌聚会。对于熟人之间的聚会尚能接受，但她厌恶大型聚会，更不用说去夜总会和舞厅。年轻的时候她为了融入集体而不得不去做这些事情，担心不这样做会显得不礼貌。她纳闷为什么其他人都享受其中，而她却厌恶、排斥，是不是自己有问题。数十年过去，她现在更加自信了。当受邀参加聚会时，她会告诉朋友她不喜欢派对，她喜欢与朋友喝杯咖啡，单独见面。事实上，每个人都完全同意她的观点。

要做到与众不同，需要自信，并且要开诚布公。令人遗憾的是，有些人需要很多年才能找到自信，而有些人永远也找不到。虽然参加聚会对我妻子从来没有什么坏处，但并不是所有的差异都不会带来伤害。有些人试图隐藏自己和周围人的不同之处，他们因此遭受着巨大的痛苦。

社会规则是一件有趣的事情，是谁决定了不可逾越的界限呢？谁说你的穿着、长相或行为举止必须约定俗成？为什么有人担心邻居们的看法？为什么邻居们会这么想？只要你不伤害任何人，你就可以随心所欲。阻止多数人展现不同之处的唯一原因就是缺乏自信。

我家附近住着一个小伙子，我开车经过他家时总会发现，他常常穿着维多利亚时期的礼服在院子里散步。这很奇妙！为什么我们不能有更多这样的人呢？他会担心路人的眼光吗？应该不会，而且他做得没错，因为我就是其中一个欣赏他的人。我有个朋友打喷嚏总是很大声，而且在喷嚏后还会加上一些其他声音。这不常见，但很有趣。我曾经有一位老师，他常常站上讲桌，在全班同学面前朗诵诗歌。教师往往比较传统，因此这位老师的行为逗乐了全班学生。

如果我们都大同小异，那该有多无聊、多单调？特立独行是件好事，所以不必担心如何适应社会规则。你可以不参加派对，可以把头发染成粉色，请尽情享受吧！自信一点——这不关邻居的事（或许他们会喜欢呢）。你的行为很可能会感染其他人，进而让他们也加入进来。回到上一条法则：记住你不是古怪的，你是与众不同的。

> 如果我们都大同小异，
> 那该有多无聊、多单调？

当然，特立独行说起来容易做起来难，我们难以对此感到自信——如果你是同性恋，而这不被你所在的团体接受；当家庭成员都劝你生孩子时，你却选择成为丁克群体中的一员；当你身边是正统的宗教团体时，你却是无神论者。无论这多么困难，你都要认识到你有权利做你自己，旁人再挑剔也无法评论你是谁。如果我们遵守这些法则，那至少可以接受别人和你不同。实际上，我们不仅应该接纳，还应该给予拥抱，为其欢呼。

法则 16

别总往最坏处想

人们只会看到自己想看的，这是人性。如果你认为世界是可怕

> 人们只会看到自己想看的。

的，那你就会看到周围可怕的事物；如果你认为每个人都与你为敌，那你就会为猜疑他人找借口；如果你认为人性本善，那你就会注意到他人所做的善事，就算他人的动机不明，你也会认为他出自善意；如果你认为自己不受欢迎，那你就会把别人所有可能的反应引申为其不喜欢你的证据。所以，缺乏自信的最糟糕的结果就是，就别人对你做出的行为，你倾向于做出最不讨好的解释。

你总是妄下结论，这就是你的做法。假设你熟识的人要结婚了，而你没有被邀请。如果你缺乏自信，那你就会认为自己没有被邀请是因为对方不喜欢你。还有什么其他的解释呢？除非你是如此寡然无味或无足轻重，以至于他们甚至忘记了你的存在。

或许是其他你忽略掉的因素呢？也许，婚礼现场的空间实在是太有限了；也许，他们请不起那么多客人；也许，他们确实邀请了你，但邀请函在邮寄中丢失了；也许，你忘了你曾告诉过他们你讨厌大型

聚会，或者你告诉他们你计划这个月出国；也许，对方的伴侣邀请了你的前任。我可以告诉你，如果你非常自信或对自己很满意，你根本不会觉得自己不受欢迎。所以何必想这么多呢？对方可能考虑不周，但不管是否考虑不周，关键是你无须为此感到不自信。

你得质疑自己的假设，判断它们是否真的如你所想。你对这种行为还有其他解释吗？假设你的一位朋友也没有被邀请，他是一个可爱的、受欢迎的、自信的、有魅力的人。你会认为他是因为不受那对幸福的夫妇的喜爱而被遗漏的吗？不，你当然不会。显然，他没有被邀请还有其他原因，而这些原因可能也适用于你。

我认识的一个年轻人每年都被邀请去他姐姐家过圣诞节。他总是觉得不自在，因为他认为他姐姐只是出于义务才邀请他。最后，在一个朋友的鼓励下，他问姐姐为什么一直邀请他。她回答说："因为我爱你，你这个傻瓜！"第二年，他享受其中，姐姐说看到他快乐的样子感觉很好，因为她也一直以为弟弟的到来只是出于义务。

这种情况在许多场合都有发生：大街上有人漠视你（或者只是没看见你）；你的上司说了一些类似批评你的话（也可以不做这样的解读）；你意识到自己已经好几周没给朋友打电话了（他们也没有给你打电话）。你可以为这些情况找到最糟糕的理由，你也可以做出一种积极的解释。所以请往最好的方面想。你不会损失什么，自信的人凡事皆可得。想想你那些受欢迎的、有魅力的朋友，如果他们遇到同样的情况，你会如何解读。

第 3 篇

顺应

世事难料，人生总是跌宕起伏。很多事是我们无法控制的，如锅炉坏了、你的同事把错误的数据传给了你、火车晚点了、商店的牛奶卖完了……这些都是琐碎的小事。还有许多不太常见却严重的大事，如患重病、失业、丧亲、破产等。

为了照顾好自己，你需要了解如何应对这些事情，因为你无法阻止它们发生。它们可能会毁了你的一天、一周、一个月或者一年，也可能你会从容面对它们。糟糕的事情会让有些人崩溃，但有些人在哀痛或悲伤一段时间之后，会处理好情绪，重新享受生活。

这一切都取决于你的适应力。无论你的真实性格是什么，你总是可以提高你的适应力的。的确，有些人赢在了起跑线上，但这组法则展现了我们如何学会顺应，进而更好地应对命运的打击，比以前更好、更快地回到生活的最佳状态。

法则 17

命运掌握在自己手里

有时命运会给你沉重的打击，这就是你的命运，你无能为力。它反复无常，如果它想找你麻烦，你就得忍受、接纳。很多信仰体系都会灌输这样的思想：人类没有自由意志，都是命运的受难者。他们可能是对的，也可能不对，但这种态度的问题在于，自认为是受害者并不会让人愉快。它会让你变得脆弱，你不知道下一次打击会在何时何地发生，并对此无能为力。

不只是有些哲学家不认可"自由意志"抑或"命运决定人生"等观点。科学家在这一点上也意见不一。然而，科学家们很清楚，那些相信自己能掌控人生的人，往往比那些不相信的人更快乐。如果你采取实际行动来补救糟糕的情况，不管它是否有效，你都会感觉更好。那些病危或身患绝症的人，如果乐观地与病魔抗争，结果可能不会改变，但他们会因为尝试而感到自己更加坚强并充满力量，而这种感觉只会是一件好事。

> 相信自己拥有
> 控制力和能动性
> 能够赋予你力量。

相信自己拥有控制力和能动性能够赋予你力量，如果你认为自己是一个不幸的受害者，那么你就不会有这种感觉。这种力量感会让你感觉更快乐、更能应对变化。也许你控制了局面，真正改变了局面，这固然让人喜悦。但掌控感会让你更加愉悦，无关乎你的行动是否改变了结果。

二十世纪六七十年代，我们几乎从未使用过"受害者"这个词。当不幸之事发生时，最好的方法是去面对、去尝试、去解决。除非你遭遇严重的犯罪行为，否则你不会认为自己是"受害者"。我父母那一代人从不认为自己是"战争受害者"。他们经历了战争带来的恐惧、损失、破坏和衰败，但他们熬过来了。当然，从某种意义上说，他们是受害者，但他们并不这么认为。

与之形成鲜明对比的是，现在人们经常被鼓励将自己视为灾难或犯罪行为的受害者，而这些人在50年前根本没有资格被称为"受害者"。语言是重要的（见法则14）。我们使用"受害者"这个词的意义在于，它消除了任何有罪或共谋的暗示。当然这是一件好事，但也要注意它的另一面，那就是它会让你在事后面对结果时失去权力感或控制感。这就是为什么"幸存者"这个词经常被使用，因为它意味着你对你的处境有更多的决定权。当然，重要的是你的感受，而不是你使用的语言，但语言是决定你的看法的有用工具。

所以请注意，当命运或其他人待你不好时，你越相信自己对人生拥有强大的掌控能力，你就越能更快地从糟糕的状态中恢复过来，继续你的生活并重拾快乐。当时你可能是受害者，但这并不意味着你在事情发生后无力回应。

法则 18

你并不孤单

顺应似乎是内在的变化，是一种安静的、钢铁般的内在力量，它使你能更快地从麻烦和创伤中恢复过来。从某种意义上说，这是事实，但它并不都是内在的。你没必要成为超级英雄，一个人去搞定一切。你的能量大多来自外界。你需要清楚如何以及何时找到它。

> 你没必要
>
> 成为超级英雄，
>
> 一个人去搞定一切。

即使是最独立或自立的人偶尔也需要支持，而有些人需要更频繁的支持。无论在哪个领域，在必要的时候得到你需要的支持，这一点都很重要。注意，我说的是"你需要的支持"。如果你不需要它，那么它就不会给你带来帮助。换句话说，它就不是支持。如果你得到了不需要的帮助或建议，那只会让你徒增烦恼。

根据前一条法则：你需要拥有掌控力，如主动地向别人寻求帮助，以及决定请求什么样的帮助。我们都需要一个可以求助的社交网络，即使是你认识的最坚强、最自信的人也需要。你需要有意识地为自己构建社交网络，但那个总是把话题转移到自己身上的朋友，或者把你的秘密告诉其他人的酒肉朋友，都不应是你社交网络的一部分。当你需要一个好的倾听者时，他们不是。

有些人只依赖少数几个亲密朋友，另一些人则有一个广泛的社交圈。找出那些能真正帮助你更愉快或更有效地应对问题的人，这样你就能在需要的时候得到最好的帮助。每个人都有优点，这就是为什么你有一群朋友。有些人是出色的倾听者，而另一些人则更擅长处理实际问题。了解你家人的朋友更能倾听你的家庭琐事。当你不得不加班到很晚，或者需要获得关于孩子学校的建议时，一个和孩子相处得很好的人正好能满足你的需要。

我并不是建议你不断索求。有时和人闲聊会让你惬意、舒服，这对他们来说也十分有趣，所以你并不总是在打扰别人。人们喜欢帮助人的感觉，这有利于增强他们的自尊，所以不时地寻求帮助并无大碍。在偶尔的危难时刻向好朋友寻求帮助是可以理解的，但不要总是这样做。如果你担心自己太依赖他人的帮助，那你可能并没有你认为的那么依赖他人。根据我的经验，索求过多的人似乎自己意识不到。如果还有疑问，你可以做两个快速测试：问问自己是否能礼貌地接受对方说"不"，如果能，那么你做得很好；然后问问自己，比起帮助他人，你是否更希望得到别人的帮助。如果你能自信地说，一直以来你付出的和得到的一样多，那么你已经做得很好了。

毕竟，别忘了你不是唯一一个拥有强大支持群体的人，你也是人际支持网络的一部分，这也是为什么说它是公平的、有益的，并且无论是寻求帮助还是提供帮助，每个人都如沐春风的原因所在。

法则 19

钢比铁强

在工程术语中，弹性材料是指在受到外力后能够恢复到原来形状的材料。这就是为什么在建筑施工中钢比铁更好的原因，因为它韧性更高，在强压下会反弹，而不是折断。

> 我们需要让步、妥协和改变目标。

人类也需要同样的韧性，从而在承受压力后恢复到最初的状态。换句话说，我们需要让步、妥协和改变目标，以便克服困难、走出困境。大多数人在某些领域会比其他领域更容易做到这一点，诀窍就是尽可能举一反三。例如，我很乐意调整我对一本书的构想，使它得以出版，但如果去划船的计划在最后一刻改变了，我就必须有意识地强迫自己学会变通。

假设你决心成为一名职业音乐家，但你没有收入来维系生活。如果你固执地坚持靠救济生活，那么你将会长期承受痛苦，除非你足够幸运。让步、妥协和改变目标并不意味着屈服或放弃。这意味着，当所有的现实都告诉你行不通时，不要盲目地坚持下去，因为当事情的结果与你预想的不完全一样时，你会变得心烦意乱。你需要转变对事物的看法，然后才能得到它们。你也许可以靠教音乐谋生，而不是举办音乐会。或者你可以找一份工作来维持生计，这样一来，你举办音乐会只是出于兴趣而不是为了赚钱。结局可能同样不尽如人意，但是你会更加快乐，因为你成功了。如果你幸运的话，那么理想的工作还是可以实现的。

因此，请意识到你什么时候过于执拗并且要学会调整。你可能已经清楚你在哪些方面固执，所以请开始留意它们并去发现其他固执之处。承认自己缺乏灵活性是克服固执的关键。有时候，坚持自己的立场是合理的，我并不是说具备灵活性总是正确的，我只是试图找到让你快乐和健康的方法，让你清楚自己什么时候需要适应。

你可能会发现，这对建立紧密的人际关系同样重要。不愿意适应对方的伴侣是不会在一起的，顽固的父母会破坏他们与孩子的亲子关系。无论是家人还是朋友，从长远来看，清楚自己需要妥协会让每个人都更加快乐。老实说，我发现在我工作的时候，允许我的猫破例坐在我桌子上，会让我和它都更轻松自在。

法则 20

和过去说再见

过去的事木已成舟。有些事令人尴尬、痛苦、沮丧，甚至改变了我们的人生轨迹，但它已经结束了，你无法改变。你可以在脑海中一遍遍地回想，你可以纠结事情是如何发生的，你可以确切地知道一切是从哪里开始出错的……但你还是改变不了。

你让自己开心了吗？当然没有。但回顾往事有时也有好处——如果你能从中吸取教训，那么回顾过去是值得的。但这是一种理性的训练，不是感情用事。一旦你不再从中获得任何价值，就不要再沉湎于过去，马上回到现在并着眼于未来。

有些人在感冒的时候，习惯于让所有人都知道他有多难受。也许他想要的是同情或关注，这合乎情理，但每次你对别人呻吟时，你也在提醒自己，你的感觉有多么糟糕。而那些虽然身体有恙却坚持说自己没事的人，似乎能更好地处理生活中的难题。他们正在接受自己无法改变的事情，并专注于自己的未来。

应对感冒很容易，但当你的公司刚刚倒闭，或者你遭遇了严重的事故时，要应对它们就很难了。尽管如此，原理是完全相同的。过多

地思考你无法改变的过去只会让
情况雪上加霜。了解它对你的影
响，接受过去，展望未来，才能
柳暗花明。

> 接受过去，展望未来，
> 才能柳暗花明。

诱使我们不断回顾过去的原因之一是，我们总是想着"如果……"如果我没有在那时横穿马路，如果我坚持要求对方就那笔巨额订单支付更多的预付款，如果他昏倒的时候我在那里……这是灾难发生后人们的典型想法，人们深知无法改变什么，但为何会这样呢？

事实上，这是你的大脑试图构建一个没有创伤的平行宇宙。因为困难严重到难以处理，所以你的大脑试图找到一个逃避法则。认识到这一点可以帮助你减少"如果……"这种想法。这种想法不会给你带来帮助，因为你仍然无法改变任何事情，这种想法只会导致后悔、内疚或自责，而这些情绪对你并不公平，而且也没有丝毫帮助。

所以，学会关闭大脑回顾过去的按钮，接受已经发生的事情，面对现在的处境。不管你多么不想待在这里，你最好还是思考出路，而非郁郁寡欢地待在原地。不必否定悲伤、愤怒或担忧等情绪。但是，请展望未来，看看你如何能最大限度地利用你拥有的东西。

法则 21

未雨绸缪

适应力强的人是那些懂得未雨绸缪的人。当被荨麻刺伤时，人们能做到从一数到十忍受瘙痒，尽管如此，你仍需要一个更有效的方式，去应对那些屏住呼吸数数并不能解决问题的情形。

你需要认识自己并了解自己在危难时候的需要。例如某一天工作压力太大，或是忽然被告知你的孩子需要做一台大手术。这时，为了让自己尽快恢复，你需要什么？是数位友人陪伴，还是只需某一个重要的人相伴？有人花一天甚至一周的时间独处，以获得片刻宁静。如果工作任务过重，那么一个安静的周末或许是解决之道。若情况更糟，休假数日可能会有帮助。

只有认识自己、了解适合自己的是什么，你才能更从容地处理日常生活中的压力，这个仅能在当时对你有所帮助，还能让你为那些迟早降临的危机做好准备。做瑜伽、泡热水澡、和朋友闲聊、跑步或者看喜欢的电影，哪一种会让你更舒服？

首先你需要了解哪些对策能帮助你应对危机，然后你需要认识到这些对策适用于哪些情况，否则你会无功而返。你的大脑要学会将这些需求与放松或平静联系起来，因此，你对这些策略的使用频率越高，它们就会越有帮助。

当重大灾难来临时，你可以使用应对日常压力的所有对策，它们肯定是有效的。但当你发现伴侣已经输光了你所有的积蓄

> 你需要认识到这些对策适用于哪些情况，否则你会无功而返。

时，舒服的热水澡远远不能帮助你应对压力。这时你需要了解自己的需求，竭尽所能地进行自救。即便所有招数都不能解决问题，但它们可以帮你更好地应对灾难。

问问自己，你需要什么：独处的时间？家人的陪伴？妈妈能尊重你的隐私吗？体育锻炼、逃避或冥想能帮助你处理事情吗？与咨询师或治疗师交谈会有帮助吗？你是否需要一整天沉溺于痛苦之中，才能在第二天早上醒来，重新开始新的生活？有没有一种方式可以让你放松，如爬山、去海边或置身陌生的人群？

注意，有一些对策看起来似乎发挥了作用，但从长远来看，它们会让事情越发严重，如喝酒、购买你负担不起的东西、过度进食等。请认识你的弱项并想好积极的对策。没有人愿意经历情感危机，但如果你没有想好对策，那么后果会更加不堪设想。

法则 22

动手写下来

我习惯把事情写下来，我从记事起就一直这么做，根据多年的经验，我认为这样做很有帮助。研究表明，用笔写下自己的感受能缓解压力。当情绪激动时，我的脑海里充斥着各种无法控制的想法和感受。如果不能冷静下来，我很难弄清楚这些想法。所以我会把想法写在纸上，迫使它们静止不动，待在我能看到它们的地方。

> 用笔写下自己的
> 感受能缓解压力。

这是我在上一条法则中提到的对策之一，它可以帮助你更好地应对悲伤、压力、创伤、灾难，以及突然出现的短期危机。我从十几岁开始就断断续续地写日记。当我回顾这些日记时，我清楚地发现它们不连贯的原因是，在找的生活一帆风顺时，我从不费神记录生活，因为没有必要。后来我才注意到，自己只在受挫的时候才写日记。

如果你对写日记不感兴趣，可以不必写日记。你可以记录感受，然后把纸扔掉，你甚至可以录下语音备忘录，看心情保存或删除。我有个朋友喜欢写诗，不过有趣的是，缪斯女神只在她经历情感波折的时候才会到来。我也有一些朋友，他们会把所有收入和支出都记录在电子表格中，以应对金钱上的烦恼——这听起来像另一回事，但实际并非如此。他们把事情记录下来也是为了厘清自己的担忧和感受，并且能够跟踪财务状况。

把你记录的事情交给别人阅读也大有裨益，因为你必须准确地向别人解释你的感受。不管是电子邮件还是传统信件，借助告诉朋友的契机宣泄自己的感受是极好的。

仅仅是给你觉得应该为你的压力负责的人写封信，你的情绪就会得到一定程度的宣泄。我个人的原则是写在纸上，而不是写进邮件里，因为我不能确保自己不会一时冲动点击"发送"。一旦我写好了信，在我考虑把它寄出之前，我总是要在它面前坐上 24 小时。然后我会再读一遍，选择寄送、编辑、丢弃，或者向朋友展示并征求他们的意见。我几乎总是把它们扔掉，因为写信已经达到了目的并且让我感觉好多了。这既厘清了我的思路，又能让我冷静下来。

不要使用电子设备输入清单。写在纸上的待办事项清单不仅有实际用途，它们还能帮助你在不知所措或焦虑的时刻厘清思路，这是一种应对负面情绪的有用方式。

法则 23

自我评估

如果你想要提高适应力，那么你必须明白什么东西适合你。同样重要的是，你也必须了解什么东西不适合你。就你所处的境况而言，你需要弄清楚什么对你有效，如何应对现状，以及如何应对情绪波动。你越了解自己，就越能照顾好自己。自我评估是其中的关键。

如果你正在戒酒，那么你要知道远离酒吧是聪明的做法。为什么要让自己的生活更艰难呢？同样，你需要尽可能意识到负面感受（如担心、悲伤、愤怒、挫折）的诱因，然后尽可能避免它们，如果不能避免，那就至少改善它们。举个例子，在日常生活中，不论出于哪种缘由去拨打客户服务电话都让人望而却步，因为我们往往需要漫长的等待才能接通电话，除非是紧急情况，不然我会拖延到有时间和耐心的时候再打电话。

我有一个朋友，她的前男友在和她交流的时候，尤其是通过短信交流的时候，总是让她感到愤怒。他们有个孩子，孩子的存在使她无法回避与他交流，所以她需要控制他们谈话的方式和时间，以尽量减少对她情绪的影响。如果她在疲惫或焦虑的时候给他发短信，那必然会雪上加霜。另一个朋友在路过某个建筑的时候，想起了最近过世的兄弟，他便郁郁寡欢。当然，这可能是一件好事，因为释放悲伤是一种宣泄情绪的方式，但你要在正确的时间和正确的人身边宣泄情绪。只有清楚自己的行为会如何影响情绪，这些对策才能得以应用。

最简单的方法就是当你感到难过的时候，问问自己为什么。是什么导致我突然哽咽？为什么我如此生气？为什么我感到压力

> 当你感觉难过的时候，问问自己为什么。

越来越大？我似乎感到焦虑，这是怎么回事？认清自己的感受会有所帮助。一旦你问了这些问题，答案有时候便是显而易见的。如果你还是不知道答案，那就向朋友或心理咨询师寻求帮助。

这里只需要补充一点：我并不是建议你为自己的情绪辩护或找借口。认清情绪能让你获益匪浅，而用逻辑来检验情绪没有必要也毫无意义。它们只是情绪而已。

法则 24

从容面对错误

人人都会犯错。有时我们的错误令自己不快、难堪、丢脸，我们甚至觉得自己面目可憎。例如，我们对别人不必要的诟骂、无意间言语伤人、由于粗心和自私让对方失望，等等。

有时我们会因为一些非常小的错误而责备自己。因为你今天忘了买牛奶，孩子们不得不错过睡前牛奶；同事不得不在最后一刻才能复印你的文件，因为你忘记了本来你要去复印的承诺；你上班快要迟到了，但你的车汽油不够了，因为你昨天没有加油。

> 如果你是故意而为之，
> 那就不会感到内疚，
> 对吗？

这些错误或大或小，都属于意外。如果你是故意而为之，那就不会感到内疚，对吗？也许在某种程度上，你在潜意识里认为自己正在做一个糟糕的决定；或者你将来可能会后悔，但你从来没有有意识地让事情变成现在这样。

你肯定会纠正错误，真诚地道歉或赔罪。我希望你能铭记于心，以确保下次不会再犯这样的错误。例如，把"买牛奶"写在购物清单上，不要想当然地认为你会记得；当你做出承诺后设置一些提醒；永远不要拖延为汽车加油。

假设你已经竭尽所能地做出弥补，无论是实际上的补救还是为了安抚对方的情绪，你已经尽力确保这种情况不再发生了。你还会做什么呢？我猜你会不断地打击自己，不断地告诉自己你很惹人讨厌，在脑海里不断回想自己做过的每一件愚蠢的事情。

你为什么要这样想呢？你已经尽力补救，还需要画蛇添足吗？你在雪上加霜，因为从整体来看，事情并没有那么糟糕。如果你让事态更加严重，那就更难从过去的经历中恢复过来，所以过去的事情就让它过去吧！放自己一马，分清轻重缓急，让自己放轻松。你已经竭尽全力，一切都已结束。让过去的事情停留在过去，而你需要继续前行。

我知道这对有些人来说很难，所以请明白，你在全力补救后还在自责的原因不是因为你做过（或没做过）的事情。这是因为某种内在的需要，而犯错只是一个诱因。我深有同感，如果你知道自我鞭策的心理来源，那么它会帮助你更好地认识自己。

法则 25

你思故你在

情绪和想法不同。想法是有意识的，你可以理性地分析；而情绪是模糊的、反复无常的且难以控制的。你可以选择思考什么，但你不能左右你的感觉。

> 虽然情绪和想法不同，
> 但它们并非完全独立。

虽然情绪和想法不同，但它们并非完全独立。它们相互影响、相互联系、互为参照。如果你感到愤怒，那么你可能会想到激怒你的人或情境，你会在脑海中回想惹你生气的对话。当你感到沮丧时，你开始思考这样做是否有意义，或者这样做是否会让情况越发严重。

我们试试转变方向，用想法来影响情绪。想象一下，你在做演讲或爬梯子（或任何让你感到焦虑的事情）之前感到紧张，你对自己说："没关系，这绝对安全。很多人都做得很好。"你自言自语是因为你知道在某种程度上，那些有意识的想法会让你冷静下来。它们可能无法完全消除你紧张的情绪，但肯定会有所帮助。

面对不喜欢的特定情境，我们往往会有意识地进行自我暗示。有些人总能做到这一点，他们是乐观主义者、积极思考者、认为杯子是半满的人。这是他们的默认设置：凡事都往好的方面想，有意识地关注积极的方面，发现令人高兴的一面。当你问他们感觉如何的时候，他们总是告诉你他们感觉良好。因为他们的感受遵从内心，他们本能地用积极的语言来促使自己感觉良好。

你不一定生来如此。一些幸运的人似乎天生就善于积极思考，但你可以训练自己这样做，这会大大提高你处理问题的能力，无论是换了失败的新发型，还是遭遇重大的创伤。积极思考不会让所有痛苦消失，但它能让你轻松应对消极事件。

永远不要自怨自艾。自怜是你最大的敌人，这无关乎你是否值得同情（值得自己还是他人的怜悯）。如果怜悯是合乎情理的，那你的确不应那么痛苦，这也是这个法则的目的。所以，要坚定地让自己放弃"我太可怜了"的想法，并转换成积极的想法，看到事物好的一面或者本可能更糟糕的一面。

你可以学着利用想法，把自己变成一个比现在更积极的人。当情况变得非常艰难时，你能更好地应对。我见过一些人失去了相恋 60 年的伴侣，他们关注自己幸运的过往和仍然拥有的一切，度过了那段难熬的时光。尽管会痛苦，但他们经受住了人生的考验。而如果他们自怨自艾，无论理由多么充分，他们在那一刻必然会溃不成军。

学会幽默

你是否曾遇到过这样的情况：你在和某个工作人员通电话时，他让你非常生气，以至于你想要对他破口大骂；或者你在去往某个地方的路上，交通和天气都很糟糕，结果你迟到了，满身是汗，浑身是泥，只想大哭一场；抑或是你在给孩子们做饭时，两个孩子同时闹脾气，食物烧焦了，然后你发现食材也用完了。

你如何自如应对而不大叫或放声大哭呢？我发现最好的应对办法就是大笑。当然，当时要做到这一点并不容易，所以我就想象自己后来把这段经历与他人分享，并且尽可能地让它变得有趣："你肯定不会相信接下来发生了什么，最有趣的是……"一般涉及离奇情节的趣闻轶事是事后幽默自嘲的一大来源。诀窍是不要等到事后，而是想象一下将这段轶事作为饭后谈资的场面，以帮助当时的你。

> 想象一下将这段轶事作为饭后谈资的场面，以帮助当时的你。

许多年前，我在一家机构做志愿者，该机构负责接听困难群众的电话，并倾听他们的困扰。我发现即使是经历了严重创伤的人，自嘲似乎对他们也有一定帮助。因为能够自嘲的人必须在心理上后退一步，从别人的角度来看待自己。正是这种距离以及这种客观的自我观察，给了他们应对自身处境所需要的超然心态。心理学家将这种现象称为"重构"（reframing），意思是用不同的角度看待事物。科学也支持这一观点：对自己的处境一笑置之，有助于你应对困境。

众所周知，笑是一剂良药——真诚地笑能让你心旷神怡。一般来说，自嘲是幽默的一个特定子集，它的可贵之处在于其重构的作用。它还可以帮助你与难相处的人打交道。例如，如果你的上司俨然一副居高临下的姿态，言语惹人生气，那请试着把它变成一场游戏。数一下他一天能说几次傲慢无礼的话，或者在心里为他颁发一个"本周最傲慢说辞"奖。这件事不但变得有趣，也体现了重构的作用。尽管你讨厌他傲慢无礼，但你还是希望上司能打破他的记录。如果你能和相同职位的同事一较高下，那就更有趣了。

这也适用于伴侣、朋友或兄弟姐妹，他们有时不得不面对挑剔的家人或自恋的朋友。你知道，回家后互相调侃，这会让事情更容易处理，同时也为以后分享趣事积累了乐趣。

第 4 篇

运动

不管生活有多忙，抽出一点时间锻炼身体会让你过得更加美好。这并不意味着你必须花钱去健身房做仰卧起坐、压腿、跑步和深蹲。当然，如果去健身房对你有用的话，那也未尝不可；但若不适用于你，那也无妨，因为你也许根本不必如此。

人们很容易陷入这样一种错觉：我们需要投入大量的时间做某种正式的运动。虽然这是一种选择，但也有很多其他锻炼方式对你行之有效。即使你每天早饭前跑步，下班后去健身房锻炼，也有一些法则值得铭记于心。

有些人不喜欢跑步、做有氧运动或举重；还有些人想去运动，却无法在孩子、工作、家务、照顾年迈的父母或其他事情之外挤出时间。没有关系，不论你处于什么样的生活状态或偏好哪种娱乐方式（或运动方式），你都能得到自己所需的锻炼。你只需要以适合自己的方式去完成它，这正是下面几条法则涉及的内容。

法则 27

运动取决于个人

假设你有这样一群朋友和家人，他们讨厌任何看起来像运动的事物。他们中的很多人体重正常、精力充沛，但他们从不穿运动服，也不去健身房。但你的感受不同，因为你喜欢跑步，你感觉自己的体力不错，你对自己的健康状况十分乐观。

现在假设你在别处找了一份工作，交了一群新朋友和新同事。你继续每天跑步，因为跑步是你的爱好。然而，你发现新朋友和新同事也都在跑步（这听起来不错），但他们中的大多数人会去上健身课或去健身房锻炼身体。而你却没有做这些，跑步是你的全部。现在你觉得自己的健康水平如何？过去你比较乐观，现在发生变化了吗？

大多数人会通过与周围的人进行对比来衡量自己的健康水平，这是可以理解的，但正如你所看到的，这并不是一个非常准确的衡量方法。在没有改变运动水平的情况下，你可能会从觉得自己运动量比较大转变为认为自己运动量不够。更重要的是，研究表明，你认为自己越不活跃，你就越不健康，无论你的实际活跃程度如何。

所以你对运动的态度和运动本身一样重要。这并不意味着你可以整天窝在沙发上，暗示自己非常健康（我们大多数人确实需要努力说服自己），但这的确说明了对锻炼方式保持积极的态度至关重要。你应专注于自己已经取得的成绩，而不是自己设定的却没有实现的目标。

> 你对运动的态度和运动本身一样重要。

不要在意周围人在做什么。你应认可你在日常生活中得到的锻炼，以及去健身房、上健身课、游泳等运动过程。只要拥有与自己年龄相适应的健康状态和灵活的身体，你的运动水平就是合适的。

所以运动的第一条法则是不要用力过猛。不要为运动量是否足够，或运动方式是否正确而感到压力和烦恼。这不仅会适得其反，也徒劳无益，因为衡量锻炼的方式太多了，你几乎不可能明确什么才算"足量"。很多人为了保持健康做了大量不必要的运动。喜欢运动自然是一件好事，但你不必与别人比较，因为这不是一场比赛。一些人能完成大量有氧运动，但身体不够灵活；另一些人有较高的肌肉张力，但缺乏耐力；还有一些人仅仅因为吃了太多的馅饼，就需要每天跑10千米。

所以，无视他们。做自己觉得正确和愉快的事，关注积极的一面。这种态度本身就比几个额外的俯卧撑更有意义。

法则 28

运动无法逃避

我母亲那一代的很多人都健康地活到了 80 多岁甚至更久，他们不会把锻炼作为一个目标。他们只是把保持健康作为正常生活的一部分，散步是因为他们喜欢散步，而不是因为散步是他们健身计划的一部分。他们知道多运动有益于健康，但他们从未听说过卧推、动感单车或有氧运动。长辈们并不需要。这提醒了我们，我们也不需要这些。对于那些有此爱好、有时间和金钱的人来说，它们只是一个选择而已。

在我母亲的成长过程中，走路或骑自行车去上班更为寻常，因为很少人有汽车。家务需要花费更长的时间，因为没有洗衣机、吸尘器和洗碗机。这些事情，连同步行、园艺、与朋友踢球，足够让每个人都保持健康（只要他们没有其他不良习惯）。

现在仍然如此，不同之处在于，我们大多数人的体力活动减少了。开车的人越来越多，家用电器使做家务变得更加轻松。我们很少需要去邮局、银行甚至商店，因为我们可以在网上完成许多事情。

我们比上几代人有更多的闲暇时间。这就是为什么你有时间去健身房，或者在户外跑步。如果我们把时间花费在电子设备上，那么我们的运动水平就会下降。但是，除非你卧床不起，否则不可能完全避免运动。不用洗碗机、带孩子散步、步行上下楼梯等都是锻炼，这些都有助于你保持健康。

就算你不想做足量的运动来保持良好的健康状况（许多人都不想），你也有其他选择。其中之一就是懒散行事，它是以健康为代价的。我并不推崇这种做法，但它的确是一个选择。如果你不想这样做（那再好不过了），那么你可以进行有计划的健身训练，去健身房、跑步、骑自行车、上私教课等。你只需要留出一些零散的时间来达到健身的目的。

你还有第三种选择，就是像我母亲那一代人一样生活。保持忙碌，即使你有汽车，也要尽可能步行或骑自行车，晚

> 你可以探索一些有趣的活动，以此来填补你的空闲时间。

餐前不宜久坐。你不必拆掉洗碗机或放弃吸尘器。你可以探索一些有趣的活动，以此来填补你的空闲时间。例如，你可以带孩子去公园，和他们一起玩球，而不是在他们玩的时候坐在长凳上看手机。你可以学习园艺、板球，甚至裁缝或烹饪。你可以去散步，也许养只狗会更有趣。这并不是说这些活动消耗的热量和在跑步机上跑一小时一样多，而是它们让你保持运动，阻止你吃零食。更重要的是，它们是富有成效的，让你感觉情绪高涨。

法则 29

运动并非消极词汇

在把关于运动的法则放在一起之前，我首先得承认有些人确实讨厌运动。他们不喜欢运动，运动过后也不会感到心情舒畅。每当他们尝试新习惯时，都会因为缺乏动力而失败。这些法则针对的正是这样的人群，如果你是这些人中的一员，那么你更需要保持健康，并且总能找到一条适合你的法则。告诉你应该遵循某个法则并不现实，因为你并不会采取行动。你可能想锻炼，但你不知道怎么做，而我能帮助你。

众所周知，有些人对运动的态度比其他人更积极或消极，这可能是由遗传因素或环境因素导致的。超重的人往往对运动抱着消极的看法，而相信自己有掌控力（而不是一切都是命运的安排）的人更能对运动持积极的态度。

如果你对运动的态度是消极的——你认为它很困难，需要辛苦付出，花费太长时间，令人不快或尴尬——那么你可能会羡慕那些认为它有趣、利于社交并且有助于缓解压力的人。除了运动，你可以尝试一些你认为有趣、放松或利于社交的事情。只要让它们成为符合要求的"多动的"活动就可以，如果把它们定义为"运动"会让你望而却步，那就不要这么定义。

例如，你可以跳舞，参加一个舞蹈班、去俱乐部或去舞厅这些都是不错的选择。记住这不是运动（只是像而已），这是乐趣。或者买一条宠物狗，你陪伴着它只是因为和狗在一起很有趣，而且它需要遛一遛。

记住这不是运动（只是像而已），这是乐趣。

我会放一首自己喜欢的歌、跳 3 分钟舞，或者放的歌有多长时间就跳多长时间舞。这很有趣，它标志着我工作日的结束（这是端坐一天后的小活动）。

如果你觉得传统的运动很无聊，那就做一些多动的活动，而且时间不要超过 3 分钟，如电视广告时段、等着水烧开的时候或刷牙的时候。这种时候毫无趣味，所以加入一点运动并不会让它更糟。事实上，这么做还能帮助你打发时间。如果你喜欢和自己竞争，那么看看在水沸腾之前你能上下楼梯多少次，或者你能跳起并触摸天花板多少次。如果你感到无聊，那就改变游戏规则。我在每一次广告休息时间都会起身活动，把碗筷放入洗碗机、把衣服放入洗衣机或整理杂物。如果我看了很久的电视节目，做完了所有家务，我会玩颠球游戏，看在广告时间结束前是否失手。所以，找到那些两三分钟的无聊时刻，尝试一些不需要坐下来就能带来乐趣的事情吧。

如果你在尝试后还是想更积极地运动，但又不认为自己在"锻炼"，那就试试快走吧。

法则 30

运动并非为了好看

我注意到一个现象。我认识很多人，他们为了减肥、增强大腿肌肉或拥有六块腹肌而进行某种形式的锻炼。他们中的一些人已经成功实现了这些目标。但问题是，他们似乎永远不知满足。一旦减掉了预期的体重，他们就会"得寸进尺"，想要减掉不同部位上的脂肪、改善肌肉张力或彻底摆脱赘肉。

> 对外表的自信
>
> 不在于外表本身，
>
> 而在于你有多自信。

对外表的自信不在于外表本身，而在于你有多自信。如果你现在对自己的体型不满意，那么等你达到了预期目标，你仍会愁眉苦脸。你为此所做的锻炼可能让你获益匪浅，所以我并不是反对运动。我只是想告诉你，一旦你减掉了几斤重量，你不会奇迹般地突然对自己的外表感觉良好，除非你在开始减肥之前就对自己的外表满怀自信。诚然，当你实现目标的时候，你可能会有一段短暂的兴奋期，但不久后你会开始思考，你怎么从来没有意识到自己的肩膀太窄、膝盖骨节突出或肘部皮肤看起来有点松弛。

如果你对自己的外表没有信心，那就调整自信度，而不是改变外表，因为自信是一切的基础。虽然这不是一件容易的事情，但在正确的方向上努力，肯定比治标不治本要好。一旦你对自身感到满意，你就可以为了乐趣和健康而锻炼，无论你的外表是否改变，你都会满心欢喜。

你可能已经在这本书中读到了一些关于自信的法则（如果你按顺序阅读），如果你对自己的外表不自信，那么你可以阅读有关自信的法则。不要消极地把自己和别人比较，无论是你认为自己看起来怎么样，还是你认为其他人可能在做多少运动。你不了解他们，也不清楚他们不在健身房的时候在做什么（也许他们跑马拉松，也许沉迷于巧克力）。如果你想观察他人，那就挑选一两个身材不是很好，但状态甚好而且散发自信魅力的榜样。这是个不错的启示，你不必为了感觉像模特而看起来像模特。听听脑海里的声音——你认为自己很有魅力，还是对自己的外表不满？当你照镜子的时候，你是想"啊，看我的头发，我的肚腩，还有我松弛的肘部皮肤……"还是"我今天看起来真好看"。重要的不是你的外表，而是你的想法。这反过来也会影响你的感受。

我可以看着镜子，选择看到所有好的方面（至少在我看来）或所有不好的方面。有时我觉得这样做很有趣：每隔几秒换一个角度，看看我有什么不同的感受，以及不同的感受对我的想法有多大的影响，尽管事实上镜子里的我什么都没变。它会告诉你，内心的声音对你的自信有多重要。

法则 31

习惯是一件好事

万事开头难。努力自然很好，努力的过程也可以充满乐趣，尤其在事情开始之时人们总是兴趣盎然。但有时努力或改变会让人望而却步，这会阻碍你变得更加活跃。加入当地的羽毛球社团是个好主意，但你能和社团里的每个人都愉快相处吗？他们会比你强很多吗？你真能适应吗？"我这周很忙，下周再开始吧"，这种想法可能会持续数月，而且你会不断推迟其他的锻炼方式，因为你不需要，毕竟你即将开始定期打羽毛球。

你可能是那种永远都在尝试新事物且喜欢改变的人。在这种情况下，接下来的几条法则可能比这条更有用。然而，很多人都无意识地抗拒新事物，找借口故意拖延或避免改变。

如果你现在整个白天都坐在桌子前，晚上坐在沙发上，而且从来不做任何运动，那么做出一些改变是明智的。如果认识到做出巨大改变会更令人望而却步，那就去接受这种情绪，而不是试图与之抗争，这种想法将对你有所帮助。

对你来说，习惯就是你的朋友。你越早把锻炼作为日常生活的一部分，效果就越好。所以，找一些你可以做的事情，这些事情只需要小小的改变，就能很快成为习惯。一旦某件事成为一种习惯，你就几

乎注意不到它的存在，因为它很
容易融入你的日常生活。

你可以很容易地养成良好的
运动习惯，例如，在扶梯上行走
而不是站着不动，把车停在离商

> 找一些你可以做的事情，
> 这些事情只需要小小的
> 改变，就能很快成为习惯。

店或车站很远的停车场尽头，和朋友一起散步而不是喝咖啡。在我的
生活中，有好几个月的时间我都在走廊等待孩子们出现并钻进车里，
而现在在孩子出现之前，我有机会数一数我能做几个深蹲，或者可以
跟着多少首歌跳舞了。

一旦你准备好了，你就可以继续养成其他习惯，如跑步、去健身
房健身或加入羽毛球社团。但是你要清楚习惯是持久的。当你非常忙
碌的时候，挤出时间在某天或某段时间打羽毛球并不容易，如果你只
是每隔几周打一次，这实际上并不会成为一种习惯。所以，只有在你
特别喜欢且动机非常强烈的情况下，开始一项活动才会比较容易，你
才更有可能坚持下去，并且更经常参与。你更可能在工作日下班后去
健身房锻炼15分钟，而不是每周锻炼1小时。

很多研究表明，养成一种新习惯需要一定时间，但确切是多久
并没有结论，因为这在很大程度上取决于习惯本身。训练自己去做漫
长且不便的事情，而不是你几乎没有注意到的那些自己从未做过但快
速而简单的事情，必然要花更长的时间。养成每日习惯比养成每周习
惯要快。但总体来说，你会在一个月内发现你已渐渐养成了一个新习
惯，而大多数习惯会在两三个月后变得根深蒂固。

法则 32

你要自己做主

你需要认识到习惯的潜在风险。如果你有强迫症或好胜的天性，那就很难改掉某些习惯。现在，如果你在等待土豆煮熟的同时在原地慢跑，那很好。但你需要确保你在掌控自己的生活，而不是生活在掌控你。

我认识一个人，他觉得可穿戴式计步器很有用，它可以记录步数。他的身体并不强健，但他猜想每天走 3000 步是个不错的开始。不久之后，他每天走 5000 步，然后是 10 000 步。每天走 10 000 步是很好的锻炼方式，但如果你要求自己每天必须走够 10 000 步，那它就会开始支配你。这可不是什么好感觉。当然，我的这位朋友发现他的生活都在为他完成步数而服务，他不能破坏自己的连胜纪录。他或许变得健康了，但他却失去了很多快乐，因为这妨碍了他做其他想做的事情。

这是一个问题。假设你在工作中遇到了麻烦，你不得不在办公室加班到很晚。当你深夜回到家的时候已经筋疲力尽了，但是你只走了 2000 步。旁观者可能会说，今天比较特殊，你只需要休息这一次，没必要冲到雨中绕着街区走 6 圈。旁观者或许是对的。

你会怎么做？在这个案例中，你可以知道谁是主导的一方——你自己还是你的计步器？理性地说，如果你这次只走了2000步，你的健康不会受到任何可估量的影响。所以你能理性一些吗？无论你的习惯是走路，还是每周二去健身房，或是从不错过足球训练，你能偶尔在合乎情理的时候打破这个习惯吗？如果不行，那么你不是主导。虽然大多数时候你和你的计步器（或其他东西）相处得很好，但重要的是，当出现分歧时，你要获得掌控权。

谁是主导的一方
——你自己还是
你的计步器？

如果你的性格容易让你陷入这种陷阱（很多人都是这样），那就想办法阻止自己落入更明显的陷阱。所以我们可以制定一个对策，每隔几周就随机破坏一次连续记录，这样它就不会成为一个大事件。而且要当心你不断试图与自己较劲的运动，如走更多的步数、举更重的哑铃或更长的运动时间。逐步开始一项新的运动并形成习惯，这无可厚非，但要给自己设定一个灵活的标准。

我已猜到，你在另一个方向走得太远——为了避免陷阱，你几乎不去锻炼。如果发生了这种情况，那么在我看来，你实际上并不喜欢这种活动，所以也许你应该换一个你不想逃避的运动方式。

法则 33

过犹不及

某样东西对你有益并不意味着它越多越好。我们都应该每天运动，但这并不意味着我们做的运动越多越好。食物对我们有益，但过度饮食对我们并无好处。锻炼也是如此。

我不是医生，我不会告诉你运动量达到多少算过度运动，它取决于太多因素。但我可以肯定的是，每天持续几个小时以上的剧烈运动可能会适得其反，大多数人的运动需求要少得多。你的年龄、你正在做的运动，以及你的生活与工作都会影响你的运动时长。例如，你是文职工作者，还是伐木工人，抑或是职业运动员？你是否整天跟在小孩子后面跑？你业余时间做些什么？

对我们中的一些人来说，他们很容易沉迷于运动。这究竟是严格意义上的成瘾，还是一种精神障碍，目前还没有定论。但无论你如何定义，这都不是一种健康状态，也不会让你开心，其表现特征是焦虑，并可能导致一些症状的出现，如疲劳、情绪波动、伤病。

导致过度运动的因素有很多，例如，过度运动可能与饮食失调有关，也可能是你的运动追踪器让你备感压力；也许当你运动时，内啡肽会刺激你继续运动以获得更多的内啡肽奖励；也许你周围的人都在努力锻炼，你想要超越别人。

不管出于什么原因，运动过多和过少有着同样的危害，尤其是考虑到它们经常伴随着压力、焦虑、抑郁和情绪波动。所以，设置一些基本法则意义重大，它能确保你不会运动过度。你可以挑选对你有用的基本法则：

运动过多和过少有着同样的危害。

- 当你感觉不舒服时，不要运动；
- 当你感到非常紧张或焦虑时，不要运动（运动可以帮助缓解轻微的压力）；
- 每天运动最多不超过 2 小时；
- 两次运动之间至少间隔 6 小时；
- 每周选择一天不运动；
- 如果你前一天晚上睡眠时间少于 6 小时，那么不要运动。

最后一条法则因人而异，这取决于你正常的、健康的睡眠习惯。过度运动的一个后果是，它会打乱你的睡眠模式。如果你总是在睡眠不好的时候休息一下，那么最后一条便是一个很好的应对方式。

第 5 篇

消遣

本书的 100 条法则都专注于你本人，如果你渴望享受生活，那就必须有消遣时间。世界纷纷扰扰，消遣是奢侈品。所以你要学会利用时间消遣。

消遣可以帮助你更好地迎接未来的工作、账单、通勤、养育子女、购物、学习、赡养老人、社交、运动和其他一切日常琐事。消遣也许是你能继续享受这些琐事的动力（也许不包括账单）。它给予你支撑余下时光所需的精力，而不是变得越发焦虑、烦躁和难过。

所以，无论你的生活多么忙碌，你都需要找到让自己保持快乐的放松方式（万事都应如此），从而让你的生活变得可控和愉快。反过来，这也会让你周围的人享受他们的生活，既不会担心你，也不会因你而产生压力或觉得你很难相处。从长远来看，从不放松的人毫无乐趣可言。如果你在平日里能保持轻松自在，那么你也是在帮助他人。

法则 34

准确定位

我的孩子在这个世界上有一个最喜爱的地方，那里是他的快乐之所——冰岛的斯科加瀑布，他希望离它越近越好。如果你有幸去过那里，你就会觉得它是全球最壮丽的风景之一。我儿子如此痴迷，因为近距离地接触壮丽的风景能带给感官巨大的冲击。瀑布声如雷贯耳，视野之内尽是飞瀑，四溅的水花能洗去身上的尘土。压力、担忧或愤怒这些困扰都会烟消云散。因此，这是一个让人无比放松的场所。可惜距离太远，他只去过两次。不过，好在还有其他瀑布可供选择。

我认识几个人，他们热衷于园艺并全情投入，身心因此得到了放松。对有些人来说，专注于一本好书、游泳、绘画、瑜伽或与孩子一起玩耍就是放松。如果你所做之事或所去之地会损耗你日常生活中的精力，那么你离真正的放松还差得很远。

> 消遣活动
> 应该容易实现，
> 以满足日常需要。

如果你没有合适的娱乐场所或消遣活动，请去找到它。它不会在冰岛（除非你住在冰岛），因为消遣活动应该容易实现，以满足日常需要。通常在一天结束的时候，你需要放松一下。有意识地做一些有帮助的事情，并在你需要的时候诉诸这些事。

事实上，即使无暇去冰岛，你也应该去探索各种快乐之所。你或许已找到一个适合周末玩耍的绝佳户外场所，但你偶尔也需要在周二忙里偷闲。你可以尝试跑步，但当你独自带孩子的时候，这绝非首选。

我们不可能每天24小时都有放松时刻。你不能在一个进展缓慢的工作会议中站起来，宣布你准备去钓鱼，很快就会回来。不过，在一天结束时做一些事情放松自我将意义非凡。在冗长的会议中，你可以幻想："等我回家，我要在浴缸里泡个热水澡。"这有助于你挺过工作日，直到开启周末的钓鱼之旅。

偶尔的消遣必不可少。如果你意识到自己什么时候需要放松，并且你的脑海中有一个可以实现的特定活动（或者可选的场所），那么你就更可能在备感压力的时候把对它的愿景作为一种减压的方式，而且更能在当天晚些时候就去实现它。

法则 35

碎片化时间消遣

利用两周的假期放松身心是一种很好的消遣方式，但你可能要努力工作好几个月才能享受假期。到那时，两周时间可能无法缓解你的压力。压力很容易累积，当陷入困境时，应对压力的方法是释放压力，宣泄情绪。即使你只能释放少量压力，但只要你持之以恒，也会有巨大改观。那些有办法在短时间内放松的人更容易控制自己的整体压力水平。

当你只能在上班时间去洗手间休息 5 分钟的时候，当孩子在尖叫而你无法回应他的时候，你需要做些什么？事实上，你需要三四种不同的减压技巧，这样可以保证至少其中一种是可行的。

例如，从 1 数到 10，从 100 开始倒数更好，因为这需要你集中注意力，此时你无法专注于其他事情。如果你擅长这样做，那就倒数 3 次；或者做一个简单的呼吸练习——用鼻子吸气，用嘴呼气 3 次；抑或是其他任何你发现对你有用的方法。你还可以活动几圈肩膀，用 5 分钟做一个数独游戏（这是另一个你无暇去想其他事情的方法），做瑜伽，看短视频，闭上眼睛想象冰岛瀑布（或任何让你开心的地方）。

消遣不包括烟草、酒精、巧克力、咖啡因等，你最好不要依赖任何外界物质，外界物质能让你得到短暂的快乐，也能让你在逆境中依赖成瘾。我不是让你杜绝使用这些方式，只是不要用它们来缓解压力。

有时压力的来源是让你感到紧张的同事或家人。在这种情况下，把你的牢骚编辑后发短信给伴侣或最好的朋友，或者直接写在手机的备忘录上。你也可以把它变成一件有趣的轶事，这样做有助于缓解沮丧的情绪。即使只是在别人离开房间后对他们做个鬼脸，也能让你舒缓情绪。这的确显得很小气，但会有所帮助（只是不要在众人面前做鬼脸，不要让所有人都知道你有多小气）。

如果你只有两三分钟，那么这些片刻的消遣对你大有裨益。当然，片刻的消遣不会总是让你感到无忧无虑。短时消遣的目的在于降低压力水平，而不是完全消除压力。除非你足够幸运，否则你只能等到孩子们入睡以后再回家，或者在大考、项目或展览结束以后才能得到放松。

> 片刻的消遣
> 对你大有裨益。

法则 36

磨砺心智，放松身心

人类的大脑令人惊叹。你越使用大脑，它就越强大。当你看到或闻到食物时，你会分泌唾液。因此，你可以训练你的大脑在应对某些事物时学会放松。

如果你经常闭上眼睛、深呼吸、训练耐心，或者走 5 分钟的路来进行放松，那么你的大脑在接收到这些触发因素时就会学会放松。一旦你训练大脑将这些方法与放松联系起来，它就会得到信息，并很快进入放松模式。

仔细想想，如果你在不那么紧张不安的状态下就开始这些消遣活动，那么大脑会更容易在这些活动发生时放松下来。换句话说，你在毫不紧张的时候才更容易舒缓压力。例如，如果你正在进行马拉松训练，你会从跑几公里开始，然后逐渐增加路程。同样，如果你训练大脑在轻松的时候放松下来，它就会开始学会在有压力的时候也把同样的行为与放松联系起来。

所以，不要因为你现在没有压力而忽略这条法则。没有压力的时候正是完美的时机！现在正是你应该学习这些技巧的时候，这样当你下次需要它们时，它们才能真正发挥作用。这只是时间问题，很可惜，我们在生活中都会遇到备感压力的时候，有时甚至会持续很长时间。家人身患重病、面临失业风险、感情分崩离析、无力偿还贷款，等等。你或许会身陷逆境几周、几个月或更长时间，掌握减缓焦虑或恐惧的方法无疑是雪中送炭。

当逆境来袭之前，如果能尽情放松一下，那再好不过了。度假、户外旅行、有朋友做伴、去

> 片刻的消遣能把压力维持在一个可控的水平。

健身房，这些都会起到一定的作用。经常享受片刻的消遣能把压力维持在一个可控的水平，并让你在消遣之后继续正常生活。但前提是你的思维经过训练，几乎一开始就能快速进入放松模式。

如果你想在某些活动开始前快速放松下来，磨砺心智同样有用。例如，如果你经常参加某项运动比赛，并且在赛前感到焦虑；或者在做一场演讲时感到紧张，想要掌握一种让自己快速平静的妙招，这些都是需要你快速稳定情绪的情况，你希望大脑一收到信号就自动放松下来，此时你应当学习如何磨砺心智。

法则 37

为假期做计划

我 18 岁的时候有两个好朋友，他们决定在大学前选择间隔年（Gap Year）[①]。他们计划花 8 个月的时间工作，然后花 4 个月坐火车环游欧洲。他们花了几个月的时间研究最佳路线、住宿、必去的景点等，计划途经所有欧洲国家。他们每周花几个小时在一起畅想这个伟大的计划，谈论这场令人兴奋的旅游。大约在他们要离开的前一个月，他们突然取消了整个计划。其他人都百思不得其解，他们解释说："计划旅行的过程如此美好，他们断定现实必会辜负他们的期望。"

我想起自己人生中一个特别艰难的时期，那时我一年中大约有两次在周末休息的时候，会去一个僻静之所待一晚，只停留片刻。唯一的问题是，当我回到家 24 小时后，放松的效果完全消失了，我开始想为什么要多此一举。此后好几个周末都在最后一刻没走成，我便放弃了出行。就在那时，我意识到周末休息非常有益身心健康，但不是

---

① 一些青年人会在升学或毕业之后选择进行一次长时间的远距离旅行、游学、当义工，或者只是休息并思考自己的人生。——编者注

以我想象的方式。它的好处几乎完全发生在活动之前。诚然，放松的效果很快就会消失，但我从未想过对周末的期盼会带来更大的好处。

我不需要用法则来解释度假令人放松的道理，你自己可以得出结论。但不要低估了期待的重要性。去欣赏、去品味、去享受

> 去欣赏、去品味、去享受等待假期开启的过程。

等待假期开启的过程。如果你有意识地去期待，就能更好地延续放松的效果，并有助于避免失望。我们越是需要假期，如果没有达到预期，我们就会越失望。如果你在期待中收获了快乐，而且你意识到了这份快乐，那么当假期到来的时候，无论发生什么，你都更容易收获幸福感。想象在海滩上放松或围坐在篝火前，抑或在半山腰饱览风景，期待它们即将成为现实的过程会带来加倍的放松。所以，无论发生什么，现实都不能从你身上夺走放松的效果。

有些人喜欢把计划做得事无巨细，在他们出游前安排好一切事情；而有些人喜爱惊喜，喜欢把一切留给偶然和随性。即便你是那种不喜欢过度计划的人，也并不意味着你不能充分享受这份期待。你可以用不同的方式享受旅行，少写点行程表，多些视觉体验。于你而言，想象你可能要做的事情就像别人写旅游景点清单一样有趣。所以，即使你的假期在最后一刻被取消，你都可以期待一场物有所值的旅行。

法则 38

只要想，就能放松

有些人（请自行对号入座）似乎亟须有关假期的法则。如果你不让自己放松，假期自然也不会令你放松。即使你在海滩度假或与家人共进晚餐，但是你仍然在处理工作邮件，那么在假期结束时你将毫无放松的体验，这只能怪你自己。同样，你的家人也认为你难辞其咎，因为这实际上也毁了他们的假期。你为什么要这样对待他们？

如果你独自度假，我想这种行为纯属个人选择。但我要提醒你：如果你不让自己放松并享受假期，那你就是在浪费钱。如果你和其他人一起度假，这是绝对不能被他人接受的。唯一的借口是，你可能并未意识到这对你身边的家人和朋友来说是多么的痛苦。现在我已经向你解释过了，所以没有任何借口，下不为例。

有些人在度假时以为自己在工作上不可或缺，其实并非如此。你为什么要这么做呢？不要告诉我这是出于上司的期望，如果他们希望你随叫随到，那只是因为你培养了他们这种期待。除非你的合同明确规定，你去任何地方度假都必须保证 24 小时接听电话，否则你就可以躲开上司的"雷达"。你可以解释说自己刚刚在爬山、潜水，或在飞机上，等等。如果发生紧急情况，你的上司可能会想和你简短地联系一下，但这种危机情况十几次假期才会遇到一次，并不是每次假期都会发生。确保你对自己缺席时的工作制订了完备的计划、分配了工作任务、妥当安排了紧急事项，并且无须用电话或邮件交流工作。假设你生病住院，办公室没有你也能运转，所以当你不在的时候请把事情交由他人处理——这更加简便有效，因为一切都在计划和意料之中。

你需要思考你为何习惯于在度假时保持工作上的联系。请直面自己，因为事出必有因。它让你觉得自己很重要吗？你是在担心如果办公室没有你也能照样运转的可能后果吗？你喜欢被需要的感觉吗？你忘了不工作的自己是什么样吗？这些都不是毁掉假期的理由，但这些感受值得深入剖析。假期是普遍寻常的，部门在你缺席的一两周内正常运转（因为你安排妥当了），并不意味着你的上司就会质疑你的重要性。如果你度假时不看清自己内心深处的需求，你就永远不能获得放松和享受。

因此，如果你必须查看与工作有关的信息，那么请在一天结束时再打开手机。不要去在意任何你无须回复的信息。设置自动

> 如果你必须查看与工作有关的信息，那么请在一天结束时再打开手机。

回复，让别人知道他们无法联系到你。如果你仍然觉得很难把自己从工作中抽离出来，那么你可以去南极洲、亚马孙河或其他没有人指望你的手机有信号的地方度假。

法则 39

活在当下

许多让我们感到有压力或焦虑的事情都涉及未来：会议将进行得怎么样？如果事情真的发生了，怎么办？假设我失败了，怎么办？在某种程度上，活在未来是有用的，因为这会促使我们提前计划，未雨绸缪，预测陷阱，从而避免它们。然而不可否认的是，它也会带来压力。

另一些焦虑关乎过去：我做错决定了吗？为什么会发生这种情况？我期待的改变为什么没有发生？回顾过去能让我们避免重蹈覆辙，但有时也会让我们感到后悔、内疚、沮丧或焦虑。我们必定会经历过去和未来，事实上，在很多时候，活在过去和未来是有用的，也可以说是人之为人的原因之一。

然而，过去和未来都可能被焦虑所困扰。快乐的记忆或期待可以让人放松、愉悦，但随后大多数人往往会陷入焦虑。那么为什么不关注当下呢？当下的时光转瞬即逝，而人们总能找到静谧时分。例如，在公园长椅上静坐、跑步，或坐在你最喜欢的椅子上喝杯茶。

这是一个好的开始，请再接再厉。本条法则的理念是，你要完全专注于现在，并扮演一个观察者的角色，去观察远处火车驶过，去感受发丝飘舞至耳后，去品尝美味佳肴。你的感受只停留在此时此刻，你会情不自禁地放松下来，因为所有可能让你感到紧张的事情都被你抛之脑后了。

我知道这实践起来并不容易。但对万事而言，练习是关键。每天练习便会越发容易，就如同训练大脑放松，这样它就能在你需要休息的时候随时进入放松模式。

你会发现，当你练习的时候，担忧和焦虑会潜入你的大脑，尤其是在刚开始的时候。长期来看，你可以很快地重新关注当下，但这需要花一段时间来掌

> 关键是要记住，
> 你是观察者，
> 这样你就可以客观地
> 看待自己的想法了。

握技巧。关键是要记住，你是观察者，这样你就可以客观地看待自己的想法了。这样做的好处是把你从恐惧和焦虑中解脱出来，所以通过将它们保持在一定距离之外，你就能从这几分钟带给你的放松中获益。

全面放松

人们普遍认为毫不费力才是放松，这确实是放松的一种体现。然而，我们需要深思，究竟哪部分需要得到真正的休息。眨眼 40 下、沐浴阳光、温和的瑜伽运动定会让你身体放松，但这就是你需要放松的部分吗？

假如你跑步后筋疲力尽，或是站了一整天，抑或是工作繁忙，那么你可能确实需要放松你的身体。但假设你一整天都坐在办公桌前，或者给电信公司打了一个又一个令人崩溃的电话，抑或是写了一份富有挑战性的报告，你需要恢复平衡状态，但此时你所需的是精神上的平静，而非身体放松。

因为同事难以应付，父母重病在身，孩子挑三拣四，所以你的情绪亟须松弛。身体上的休息小有帮助，但这是一个放松你真正需要挽救的部分非常间接的途径。

> 找一些能直接触及紧张根源的事情去做。

所以，想想为什么你需要放松，找一些能直接触及紧张根源的事情去做。就我个人而言，当我情绪疲惫时，我的第一选择是找到任何能让我发笑的东西。轻松散步、小睡或洗个热水澡固然让人心旷神怡，但笑是最重要的。例如，观看最喜欢的电视节目，或者给那些总能逗我笑的人打个电话，甚至把目前压力的来源变成我脑子里的一件趣事，随时准备好让别人发笑。

当我精神过度疲劳时，我更有可能去做一些事情，让我的大脑停止工作一段时间，不管这是否涉及身体上的放松。在平板电脑上玩游戏、阅读言情小说、跑步、看任何不需要思考的电影、泡热水澡、做瑜伽、跷起脚喝杯茶、小睡，等等，这些都是我的习惯，但我总在忙得四脚朝天时才这样做。

如果你想从放松的时间中获取最大的价值，那么要意识到你为什么需要放松。如果你总是觉得"我太累了，我需要打个盹"，你会得到一些好处，这是肯定的，但你错失了更好的放松方式（如果更好的放松方式对你来说是个问题的话）。总有些时候你会在思想、身体和精神的各个层面上疲惫不堪，在这种情况下，尽力尝试各种放松方式是个好主意，当然，前提是在有限的时间内。深思熟虑，确保你已经尽了最大的努力，即使情绪萎靡、大脑疲劳、身体乏力。在困难时期，你也需要竭尽全力尝试各种放松方式。

法则 41

突破自我

改变和休息同样有用，做一些突破自我的事情是放松的良方。回家陪孩子玩是你在办公室忙碌一天的一剂良药，遛狗或参加足球训练也能达到相似的效果。

所以，如果你有压力、紧张或焦虑的倾向，确保你可以参与一个（多个更好）常规活动来放松自己。你可能已经有许多爱好和活动，但它们能帮助你放松吗？我有个朋友经常做业余戏剧演员。虽然她热爱戏剧表演，但这件事本身也充满压力——从与女主角相处到学习台词。如果她喜欢，当然应该继续下去，但这并不是一项放松的活动。她仍然需要想出一两个简单、有趣、不那么复杂的爱好，特别是当她需要亲切关怀的时候。

想一想你的业余爱好，当遭遇困境时，哪些爱好能真正帮助你放松。你最好忠实于自己的内心，这些法则是为你设计的，如果你不自救，那我也无能为力了。我不会让你停止做你喜欢做的事，请你放心。虽然你可能会发现，当你思量的时候，你会开始疑惑，如果这些爱好不能给你带来任何快乐或放松，那么你为什么还要管理邻里守望计划、上普拉提课或学习编织呢？

如果你意识到它们不再让你心旷神怡，那就放弃这些爱好，为那些能让你感觉良好的事情腾出空间。不要对自己说，你会让别人失望，因为总有人会接替你的工作。如果某项活动能让你轻松、自在，那么空出几周时间去做这件事也未尝不可。被迫尝试其他活动却毫无放松的体验，这只会适得其反。

若你喜欢目前的消遣方式，请继续下去。任何能让你开心的事都是值得的。如果它不能使你放松，那么你可以找到新的能让自己放松的爱好来平衡它。你有哪些选择呢？

你可以寻找一些能经常做的事情。例如，如果你是有几个孩子的单亲妈妈，那就不要参与需要你看护儿童的活动，除非这种活动不经常出现。如果它有吸引力，那么你可以报名参加，但你必须有其他消遣活动来支撑你度过那些必须待在家里的夜晚。想一想你真正需要的放松方式（如果有必要的话，再读一遍上一条法则）。

认真思考什么能让你宣泄紧张或焦虑的情绪，请记住，如果它不能满足你的需求，那么你随时可以放弃，去尝试其他选择。

> 每个人都是不同的，放松方式也因人而异。

每个人都是不同的，放松方式也因人而异。所以不要迫于来自朋友的压力去上拉丁舞课，或是由于三缺一去打桥牌，抑或是参加轮滑社团。是你自己需要放松，所以选择权在你手中。

法则 42

良好的睡眠

如果你睡眠不好，那就不可能正常工作，也不可能感到放松。有时我们睡眠质量很差，或睡眠质量良好但时间不够长。太多人养成了不良习惯，这就意味着我们经常睡不好。随着时间的推移，睡眠不好会导致各种问题，如脾气暴躁、糖尿病、心脏病等。

关于睡眠的研究有很多，多到让人无法忽视。与其他严重的疾病一样，睡眠不足会让你的大脑昏昏沉沉且更容易感冒（良好的睡眠有助于提高免疫力），也会让你感觉更饿，进而导致体重增长。如果你纵容自己养成不好的睡眠习惯，那这就是你的责任。

虽然周末睡懒觉十分惬意，但这并不能改善健康状况。你需要确保你每天有足够的睡眠时间。我知道有些人尽管遵循了所有建议，但还是很难拥有良好的睡眠。我们中更多的人只是在抱怨自己睡眠糟糕，实际上却没做出任何改变。

本条法则不是一个睡眠技巧的指南，你可以自己查找相关技巧。让我感兴趣的是为什么我们中有那么多人让自己养成了坏习惯，并且不尝试改变，只是抱怨自己有多累。除非你在一段时间内的确尝试养成良好的睡眠习惯却始终未果，否则你不能抱怨或暴躁。

对很多人来说，抱怨睡眠不好达到了一个目的：引发了别人的关注和同情，成为你工作状态不好或表现异常的借口，你看起来可怜兮兮的模样博取了他人的同情。有一句话听起来很刺耳，但却是事实，即对大多数人（不是所有人）来说，对睡眠不佳的抱怨背后都是同一件事——对失眠无能为力。

你很少意识到这个问题，也很少对此深思熟虑。然而，即使抱怨能使你获得一点同情或赞赏，但它的缺点仍然大过优点。这样做并不明智，也不合逻辑。良好的睡眠比精神支持更能给予你幸福感。

良好的睡眠比精神支持更能给予你幸福感。

所以，请阅读相关指南以获得更好的睡眠，并遵循他们的建议。如果你坚持每天晚上埋头苦读或一直玩手机到深夜，那就无法避免生物钟被打乱。你也可以无视所有建议，但前提是不要向任何人抱怨你睡眠不足。

法则 43

拥抱阳光

以前的几代人都坚信"新鲜空气"的重要性，但随着时间的推移，这一点已不像以前那么重要了。现在，很多人不愿出门，只要可以自由活动的那一天正好阳光明媚就好。新鲜空气不仅让你心旷神怡，还有诸多好处。如果你是农民或护林员，或者你把空闲时间全情投入在园艺上，那么你不需要阅读这条法则。但我们大多数人需要更多的新鲜空气。

我很幸运自己住在乡下。然而，即使你住在城市里，那里的空气不那么干净，只要你避开交通拥挤的街道，户外几乎肯定比室内的空气好。如果你能在周末或晚上出城，那就更健康了，即使你什么都不做，只要在户外就能给你带来活力。当然，能够锻炼更好，无论是缓慢的散步还是剧烈的骑车，都能让你吸入更多的新鲜氧气。

> 即使你什么都不做，
> 只要在户外就能
> 给你带来活力。

如果你有一个花园或院子，比起室内，这会是一个更好的空间。你可以做任何运动，如俯卧撑、跳舞或举重训练。

这不是我随意想出的一个过时的健康法则。这一点得到了大量研究的支持，这些研究表明，在新鲜空气中工作会让你神清气爽。所以，如果你想照顾好自己，那就在你的日程中安排一些外出的时间，不要只在阳光明媚的日子才外出。

每天呼吸几分钟新鲜空气有助于改善睡眠质量（这样你就不会再抱怨又是一个糟糕的夜晚了）、增强免疫力、提升活力。它会增加你体内的含氧量，从而增加你体内血清素①的含量。研究表明，闻到植物、花朵和自然界的气味会提高血清素水平。你可以在回家的路上去花店买些花，不过在树林里、花园里、海滩上或公园里驻足片刻效果更好。

维生素 D 也很重要。通过阳光中紫外线的照射，人体可以合成维生素 D，它对你的骨骼、牙齿和免疫系统等都有好处。你必须到户外，因为紫外线无法穿透玻璃，所以坐在窗户旁边是行不通的。在英国，每年中你有半年的时间能从阳光中获取所需的维生素 D，但前提是你每天都要有户外活动时间。在一年中的其余时间里，你可以通过吃鸡蛋、鱼类和红肉来补充它，但不要因为膳食的足量供给而不去户外。

没有糟糕的天气，只有错误的穿着。在阴天、雨天、雪天或大风天，户外活动同样有好处。所以没有必要只在好天气进行户外活动。戴上你的围巾和手套出门，这是生活在寒冷北方的人们一直在做的事情，只要你穿着合适，就同样充满乐趣。

---

① 提高血清素的含量可以改善睡眠及不良情绪。

法则 44

保持淡然之心

这是我从别人那里学到的一课，我如醍醐灌顶。意外之事周而复始地发生，人们往往对此备感压力和沮丧，保持淡定将会给你带来巨大的惊喜。你可能会惊讶于大多数压力都是可选择的，你可以将压力抛之脑后。

我亦是如此。一开始我并不相信。这么多年来，我遇到过交通拥堵、难以相处的同事、考试面试、电子设备故障、刚开始洗澡热水就没了等情况，这些都让人备感压力。其实不然，我不需要为此感到有压力。真希望有人能早点告诉我这个道理。

说它改变了我的生活也不过分。我比以往任何时候都更加平静，这让我更加享受每一天的时光。一切都是因为有人告诉我，我不必徒增烦恼，因为压力是自己的选择，我完全可以不做此选择。

我突然发现压力是自己的个人选择，尽管这完全是无意识的。如果交通拥堵，那就只能缓慢行驶，我对此无能为力。此时我要么因为被困在车中而烦躁不安，要么保持平和的心态，我在这两个选项中做了选择。你猜哪个选择更合适？答案呼之欲出。

当我们为这些日常琐事深感压力时，内心会出现这样的声音：真令人生气；我们要迟到了；我们已经遭遇了太多事情；这会浪费一整天……但这些不断升级的、令人沮丧的想法都不会缓解交通拥堵，所以何必自取烦恼呢？请抛弃这些想法。打开收音机，边听边唱，或者想想别的事情。

> 不断升级的、令人沮丧的想法都不会缓解交通拥堵，所以何必自取烦恼呢？

与压力和沮丧相关的语言并不会起到任何作用，这在很大程度上解释了为什么我们从来没有意识到我们拥有选择权。当我们说"交通状况让我崩溃"或者"我的同事让我抓狂"时，仿佛是他们在掌控着局面，是他们正在把这种挫败感施加到我们身上。这让我们成了"受害者"。没有人曾告诉我，实际上是我们自己选择了被交通拥堵所困扰，或者是我们让同事把自己逼疯。如果没人告诉你，那么为何这些事情又让你不再感到压力了呢？

对于真正焦虑的人来说，这条法则不会立刻扭转局面。事实上，如果你不是极度焦虑，但出于某种原因你想承受压力，那你可以继续保持这种状态。这不是别人的事情，而是你自己的选择。如果你认为压力不是个问题，那无可厚非。我只是想帮你，如果你像我一样，压力间歇性袭来，心中渴望摆脱压力。

自从我学会了这个法则，我成功地把它运用到所有事情上，从汽车抛锚到搬家，它甚至适用于大事上。

第 6 篇

饮食

食物是生命之本，你不会听到人们说"我对水有意见"。食物对我们来说有着特殊的意义，它与我们的心灵紧密相连，我们的饮食反映了我们的感受及对自我的看法。

在一个寒冷的下午，我们可能无法抗拒一片热黄油吐司，而我们往往对呼吸的空气却毫无觉察。有时我们想要吃更多的吐司，或者搭配点其他食物，却从未想过要呼吸多于身体需求的空气。

饮食超量是不健康的，而饮食过少或只吃"错误"的食物同样不健康。我们与食物的关系十分复杂。对许多人来说，这种关系问题重重，无法让他们享受生活、保持健康。如果你偶尔为食物所困扰，那么了解一些关于食物的法则是很重要的，这样才能确保食物在你的生活中发挥积极的作用，让你快乐又健康。

法则 45

合理膳食

首先，我们需要清楚为什么控制饮食很重要。大量科学研究表明，食物不仅会影响身体健康，它也会影响人的心情，正确的饮食习惯会让人感到幸福。

膳食指南有很多，要点几乎一致——均衡饮食，多吃天然的、未经加工的食物，多吃水果和蔬菜，多吃蛋白质含量高的食物，不要过量饮食，等等。我知道这对年轻人来说是对牛弹琴，但随着你年龄的增长，患心脏病、糖尿病、高血压和其他疾病的风险越来越大，你会希望尽快养成良好的饮食习惯。

最近科学研究发现，食物与情绪之间存在明显的联系，越来越多的研究表明，合理膳食确实有助于心理健康、减少抑郁、提供能量。我并不是指特别的食物（如巧克力）、神奇的配料或特殊的食材，只是要吃那些我们一直知道对我们有益的食物（如上一段所述），同时不要吃那些我们一直知道对健康有害的食物（如加工食品、油炸食品、碳酸饮料、高糖食物等）。

规律饮食也能让人幸福。当你的血糖下降时，你很可能感到疲劳、沮丧或易怒，这是情绪和饮食之间最显著的关联之一。同时你应确保合适的饮水量，不一定非得是水（虽然水是最理想的），只要是无糖饮料就可以。

合理膳食的方法有很多，所谓正确的方法并不唯一。你可以选择地中海菜肴，也可以选择日本菜。你是否是素食主义者并不重要，尽管研究表明过多或过少地食用红肉会增加抑郁和焦虑。事实上，素食主义者或喜欢素食的人，只要心理健康状况良好，那就不必担心。如果心理健康状况欠佳，你可能就需要重新考虑一下饮食结构，或者确保你从其他食物中获得了所有相关的营养物质。要照顾好自己，尽可能地保持快乐、健康和精力充沛，不要让别人告诉你该吃什么、不该吃什么。当然，很明显我是在告诉你吃任何对你有益的食物——只要从一长串健康食物清单中选择它，并且尽量避免那些不健康的食物。这并不复杂。

如果你认为这是显而易见的，那么恭喜你。据估计，大约有90%的人饮食不合理，如果这条法则对你来说是在浪费时间，那你就排在了前10%的人之列，祝贺你。

> 合理膳食的方法有很多，所谓正确的方法并不唯一。

法则 46

不要挑食

我认识一对夫妇，他们在美丽的多米尼加的西印度群岛上建了一座生态旅馆，那里尚未被完全开发，当地的加勒比人仍以他们几百年来的方式生活着。当地的一位女士曾经在餐厅厨房帮忙，当老板做饭的时候，其会邀请这个加勒比女人品尝食物，并询问她的意见。女人尝了很高兴，但说不出味道好不好。她的回答是："这只是食物，我很感激拥有食物。"

我从未忘记这件事，这让我突然意识到，在世界上的大多数地方，人们把食物视为理所当然。我们总说"我不吃这个""那会让我发胖"或"下午六点之后我不会碰奶酪"，并习以为常。然而，以前只要不挨饿，人们就会感到很幸福。到底是什么改变了我们？

我并不是说我们不应该有偏好，但我们应该认识到，对美食的追求实际上是一种奢侈，许多人负担不起，也没有概念。这里谈的不是诸如严重的坚果过敏这类问题，而是排斥或偏好，在某些情况下，只是纯粹的挑剔。就我个人而言，我真的不喜欢太苦的沙拉菜，如果别人给我，我就把它们放在我盘子的一边，但我懂得这样做是一种浪费，在不同的人生情境中，我也许会对它们心存感激。

素食主义可能是绝佳的饮食方式（对你和地球都是如此），你可以自由地选择这种膳食习惯，但不要忽视背后的原因。这是视角的问题。你可以做任何你能做的选择，但要认识到，对许多人来说，如果他们不得不吃含有麸质的面包，世界也不会因此崩溃。

事实上，我认识的那些似乎拥有轻松的、快乐的、健康的饮食习惯的人，就是那些饮食并不复杂的人。他们可能不会购买一些奇奇怪怪的食物，他们对食物也不挑剔。对美食的挑剔和追求会成为你对自己不满的表现或借口。它们会促使你关注自己的问题，向内看，让一切都围绕着你，而这永远不会让你开心。所以不如面对生活，吃掉所有你得到的食物（就像我们小时候那样），这更能让你快乐。

> 对美食的挑剔和追求会成为你对自己不满的表现或借口。

我知道我可能惹恼了一些人。但你买这本书是为了了解什么是有效的，而不是为了强化你自己的观点。如果这让你感到不舒服，我很抱歉，但太过关注自己只会让你更不快乐，而非更加幸福（参见法则1），这不是我们想要的结果。所以，不用吃那些你真的不喜欢、不相信或不适合你的奇怪食物，但也不要批判它们——那是你的评判，没人需要知道——不要让它成为你的心病。

法则 47

与食物建立联系

我认识几个人，他们坚持某种特殊的饮食习惯，完全避免常规食物。他们有时会选择某种类似宇航员吃的食品，以提供必要的营养成分。他们甚至会进行速成节食，只吃代餐奶昔。我观察到，他们几乎每个人都在努力争取切断与正常食物的外在联系。

无论是健康的还是不健康的，我们都与食物有着密切的、终生的关系，想要彻底断绝这种关系是非常困难的。即使不吃食物，人们也会与食物保持联系。例如，尽管正在节食的母亲自己不吃饭，她也会为孩子做饭。

> 我们生来就与食物
> 有着完美的关系。

如果你对自己的饮食习惯不太满意，例如，你觉得自己吃得过多或过少，吃了不该吃的食物，或进食时间有问题，这反映了你对这段关系不满意。就像所有的关系一样，这意味着你要努力让它重回正轨。我们生来就与食物有着完美的关系。我们饿了就吃，不饿就不吃。在远早于你记事的某个阶段，这种关系就开始成长和发展，并且变得愈发复杂。这通常是人类对环境做出的反应：食物是否难以获得？是否吃了太多不健康但美味的食物？我们的父母如何对待食物？他们期望我们怎样表现？

对于我们中的一些人来说，所有这些因素都会导致一段不健康的关系。许多复杂的、互相冲突的情感不断累积，不再像饥饿时吃健康的食物那么简单。这段关系开始占据主导地位，占据我们的思想和生活，而且不再对我们有利。

把我们与食物的关系过度复杂化并不符合自身利益。我们和食物一天会相见数次，因此关系越简单，就越容易保持健康的关系，以及保持身体健康。

一旦你与食物的关系出现问题，就不容易纠正了，就像任何一段关系一样。然而，第一步是要认识到我们与食物的联系是问题的根源，而不是拘泥于这些事实：焦虑的时候想吃东西，要喝一杯酒才能放松下来，一吃饼干就停不下来。

这是你需要努力的地方。别只在意把剩下的饼干留着不吃，而是把注意力集中在关系上，剩下的事情便能迎刃而解了。我知道对一些人来说，这可能是一生的挑战，严重的饮食失调通常需要专业人士的帮助。然而，我们的目标是建立与食物的简单联系，就像婴儿时期一样。

法则 48

清楚问题所在

当夫妻为谁该洗碗而争吵时，问题通常不在于该轮到谁洗碗，而在于它反映了一些潜在的问题，例如被视为理所当然的感觉。大多数伴侣的争吵都是这样的——某件事激发了潜在的不满情绪，争吵集中在这件事（洗碗）上，而不是真正的问题（感觉被剥削）上。

> 如果你不是因为饥饿
> 而吃了一整包饼干，
> 那就关乎更深层的问题了。

同样的事情也发生在你与食物的关系上。如果你不是因为饥饿而吃了一整包饼干，那就关乎更深层的问题了。潜在的原因多种多样，如舒适、无聊、不断强化的低自尊。我并不确定你的潜在原因是什么，你需要自己分析原因。在找到根木原因之前，不吃饼干会让你很煎熬。

当我读到关于肥胖的研究时，我经常感到沮丧，这些研究似乎断定人们吃得过多是因为他们感到饥饿。研究人员关注如何帮助人们意识到自己吃饱了，或者了解饭前感到饥饿是正常的。虽然我相信这是有道理的，但对成千上万的人来说，暴饮暴食与饥饿感毫无关系。导致人们暴饮暴食的原因是不同的，而且复杂得多。

有时我们的问题很简单。有些人吃饼干是因为他们正在戒烟，吃饼干能分散他们的注意力。出现问题，解决问题，这是一种相当直接的解决方式。然而，有时问题要复杂得多，也许可以追溯到童年时期，例如，童年时的创伤或家人对食物的错误态度导致了你的某些饮食习惯。

我们的日常生活充斥着各种难题，它们并没有影响到每个人对食物的态度，但对很多人来说，这些难题对其他方面造成了影响。我们这代人是在战争结束后长大的。我们的父母经历过食物短缺、定量供给，他们教导我们爱惜粮食。直到十几岁，我们才可以选择吃什么食物，所以很多人会吃光自己盘中的食物，并努力保持合适的体重。这并非任何人的错，但它确实给很多人留下了一个难题：我们被程序设定成什么都吃，然后才有选择地不吃。

针对这个案例，你必须明白你有一种潜在并深藏内心的意愿——不能在盘子里留下任何食物。这并不是因为你过分饥饿，或者不想浪费（我妈妈经常告诫我"不要浪费食物"）。那是因为你小时候被灌输了某种观念，而你现在需要重新编写程序。如果你能做到这一点，那么你就有机会减少食物摄入量。如果你没有意识到并解决这个潜藏的观念，那么你永远也解决不了问题。

法则 49

注意饮食规则

有些人不太幸运，他们与食物的关系面临着非常复杂和危险的问题。许多人都有一些潜在的信念或态度，态度会影响关系，因此了解内心的态度会有所帮助。提到与食物的关系，我们都在遵循一些普遍存在但毫无益处的规则。

我已经提到了第一个规则，那就是在盘子里不能剩下食物。你从小就被教导必须吃光盘子里的所有食物。在学校，我们只有吃光自己盘里的食物才被允许离开餐桌。我 5 岁的时候，幼儿园老师会说："不要在你的盘子里剩下任何食物，想想那些挨饿的孩子吧！"在那个年纪，我实在不能理解这样做对那些挨饿的孩子有什么意义。难道不是留点东西给他们更好吗？[1]

人类的思维方式很有趣。在我年轻的时候，还有许多其他规则。这些规则现在仍对大多数人受用，但并没有成为我的信仰。例如，在两餐之间不要饮食，不要在街上（或在车里）吃饭，饭前饥饿是件好事。根据观察，我并不是唯一一个对这些讨厌的规则视而不见的人。

---

[1] 现在我明白了她想表达的是感恩，而不是逻辑。

还有另一个你可能在童年时期听过的告诫："除非你吃完碗里的饭菜，否则你不能吃布丁。"这在你的潜意识里被普遍解读为："甜食是美妙的，除非我先吃完那些乏味的食物，否则我不能吃甜食。"在成长过程中，认为甜食本身就比饭菜美味可口，这实际上是不正确的。如果你按照这条规则长大，那就会步入歧途。

此外，这条规则还暗示，你在每顿饭后都应该吃些甜食。长大后，这可能是一个很难改掉的习惯——饭后总是想吃一些含糖的东西。避免让自己的孩子养成这种习惯的唯一方法就是不给他们任何布丁（除了水果），除非有客人来。

还有一个常见的误区，这也是小学生的家长经常会犯的错误：把甜食或不健康食品作为奖励或补偿，因为你赢得了一场比赛、摔倒了并且膝盖受伤、完成了家庭作业、打扫了自己的房间或者去遛了狗。18 年之后，你变成这样的成年人，你总会对自己说"今天过得很糟糕，我要吃巧克力"，或者"我努力完成了演讲，我值得奖励"。偶尔吃一些不健康的食物并没有什么错，但当你把它与特定的行为联系起来时，问题就出现了。用食物作为奖励方式时尽量不要遵循任何规律，也不要与罕见的事件（假期、圣诞节或电影院）相联系，这样它们不会出现得过于频繁。但也不要过于罕见，这会使它们变得炙手可热。这并不简单，是吧？

> 偶尔吃一些不健康的食物并没有错，但当你把它与特定的行为联系起来时，问题就出现了。

法则 50

不要节食

如果你认为自己体重过重并且想要采取措施，那么节食是最常见的对策。如果你减少摄入热量，那么你的身体将不得不消耗脂肪。不错，你的体重会下降。但这不是科学实验。

节食方式不一而足。有些人倡导节食减肥法且自称该方法成功的关键在于摄入低热量食物，例如人们摄入高蛋白、低脂食物并进行间歇性禁食。有些节食方式效果显著，有些则非常危险，大部分介于两者之间。毕竟这是一个巨大的产业。

我的问题在于为什么成功减肥并保持下去的人这么少？如果仅仅是热量的摄入或消耗这么简单，那么全球的长期节食者不应该更少吗？我们都知道，在你减掉了体重后，若迅速恢复每天吃 5 块巧克力，那么你的体重就会反弹。我们并不愚蠢。虽然有些人可能会掉进这个陷阱，但绝大多数人确实在努力减肥。那么到底发生了什么呢？

我不是科学家，所以我不会深入研究细节。但是，我确实知道基因发挥了很大的作用。出于某种原因，男性通常比女性更容易减肥（这多不公平）。当你节食的时候，新陈代谢机制得到重建。假设基于身高和活动水平，你每天摄入 8000 焦耳才是健康水平。为达到目标体重，你减少摄入量到 6000 焦耳，在成功减肥后又恢复到推荐的 8000 焦耳来维持体重。研究表明，与你的预期相反，体重会发生反弹。为什么呢？因为你重置了新陈代谢机制，现在你每天只需要 6000 焦耳的摄入量，本应健康摄入的 8000 焦耳现在反而过多了。

我想要说明的是，减肥远比减少体重、合理膳食复杂得多。从中得到的重要教训是，节食后又停止节食对减重很少奏效。如果你想要永久的效果，那么你需要做长期的改变，而非阶段性的节食。你应对你的能量消耗做出持续的、不断的改变，以维持一个稳定的、合理的热量摄入标准并且不要脱离现实。微小的改变可能会减缓减肥的节奏，但这更有可能让你坚持下去。一开始你可以避免在茶和咖啡里放糖，只在外出或有客人时吃布丁（这个比坚持不吃布丁更容易实现），或者当你饥饿的时候不要去超市，这样你就不会被美食诱惑。你要做的就是逐步地、有条理地建立这些习惯，并考虑长远性和持久性。

> 如果你想要永久的效果，
> 那么你需要做长期的改变。

法则 51

不要迷恋糖

越来越多的研究告诉我们，糖是一种让人上瘾的物质，它在某种程度上类似于可卡因——触发多巴胺的释放，让你产生兴奋的感觉。你吃的糖越多，大脑就会越适应糖分，进而渴求更多的糖分来保持多巴胺的分泌[①]。更重要的是，你越加强这种神经联结，你想要吃糖的渴望就越坚定。

我并不是说，吃糖等于吸毒。但了解你为什么渴望摄入糖分十分必要（如果你是许多渴望糖分的人之一），这样你才能找到更健康的生活方式。你需要有意识地掌控人生，而不是成为脑内化学反应的"奴隶"。

基于科学，精制糖（你买的包装上标着"糖""蜂蜜"或"枫糖浆"）比水果或牛奶中的天然糖更有害且更容易让人上瘾。你可能已经发现，比起奇异果，你更喜欢巧克力饼干，原因正是如此。

如果你想要和食物保持健康的关系，不要一时兴起就想吃糖，而只是在你感到真正饥饿的时候吃，你最好从天然食物中获取糖分。糖

---

① 再次为我对科学的过分简化向所有科学家道歉。

本身并没有坏处，只要你的摄入量是适度的，而且你会发现如果你大部分时间坚持吃天然糖，那么保持适度的摄入量更容易实现。如果你能每周只吃一块蛋糕，而且不再吃更多蛋糕，那么恭喜你。如果你总是一块蛋糕接着一块蛋糕吃，甚至能吃一整个蛋糕，那么就不要开始吃第一块蛋糕。

如果你已经对糖上瘾，又想停止吃过多的糖，那你就需要掌握一种或几种可供选择的策略以克服自己吃糖的欲望。如果每次都不奏效，也不要自责。你需要建立新的神经联结来代替当前的联结。请记住，万事开头难，贵在坚持，事情慢慢会变得容易起来。事实上，你的对手不是糖本身，而是控制大脑对糖的反应。

> 你的对手不是糖本身，而是控制大脑对糖的反应。

如果你感到饥饿，那么最简单的方法就是吃一顿不含糖的饭，而不是甜食。无论如何，避免两餐之间过于饥饿是明智的，因为饥饿会促使你吃零食。如果你不想摄入过多的热量，那就分散自己的注意力，如去散步、洗澡或给朋友打个电话。提前想好几件能让你分心的事情，这样你就能在需要的时候做这些事。

总而言之，你需要记住以下两点：尽可能学会识别和避免导致疲劳和压力的明显诱因；不要在饥饿的状态下购物。

法则 52

没有那么多有害的食物

小时候，我认识一位阿姨，如果你给她一块巧克力，她会说"哎呀，我真的不应该吃"，或"天啊，这太放肆了"。我曾经想过（出于礼貌，我没说出来）："如果你认为不应该吃，那就别吃。"不过，她总是会吃掉巧克力。其实这是一种非常普遍的现象。

食物（包括高糖或高脂食物）不分好坏。食物只是食物，没有道德层面的好坏。当你吃东西的时候，如果你告诉自己你在犯错或有罪，那么你就在与食物建立一种全新的、完全不必要的复杂关系。

> 吃不健康的食物并非犯错，它只是不健康。

吃不健康的食物并非犯错，它只是不健康，而且你没有伤害到任何人。你或许想要回避这些食物，如果你决定吃巧克力或甜甜圈，随后又后悔做了这个决定，这并不意味着你就是坏人。在生活中，我经常干些让自己懊恼的事——坐公共汽车而非火车，刚拖完地就把脏东西洒到了厨房地板上，无意中买了一本我已有的书（很奇怪我经常这样做）。这些错误没有一个让我觉得自己是个罪人。我只把它们当作经验，并试着从中学习。所以，如果给你一块巧克力，要么吃，要么不吃，不要把它当作打击自己的理由。

这也关乎我们使用的语言，包括在自己的头脑中出现的词汇。你无须大声说出这些语言，它们也能发挥功效。假如当你想到不健康的食品时，你仍然使用像"放肆""不应该""诱惑"和"不允许"这样的词语，你内心就会深信不疑。

明智的做法是，重新训练自己，让自己从道德中立的角度看待食物，并培养自己对食物的态度。吃一整罐饼干可能并不妥当，尤其是在你习以为常而且自身超重的情况下，但你无须指责自己，只要你在事后进行理性思考，你就会发现这只是一个你不会再做的选择。

当你从理性而非情感的角度看待你对食物的选择时，你就会发现你更容易厘清你和食物之间的复杂关系。对一些人来说，这个过程可能需要数年时间，但如果你没有意识到这个问题，并改变你对食物的描述以及你与食物的内心对白，那么你永远也无法厘清你与食物的关系。

法则 53

不只是关乎体重

有些人可能会认为这一篇都在讨论体重，然而并非如此。即使你的体重标准，了解关于食物的法则也至关重要。事实上，所有人都需要关注饮食，以便保持身心健康并充满能量。

仅仅根据食物对体重的影响来选择食物并非是一件好事。这个关注点本身是不健康的，它会阻碍你与食物建立轻松的关系。如果你一直过度分析，那你就无法与食物正常相处。所以，请正确解读食物。

保持身心健康至关重要，因为这会让你更好地度过一生。只要你的体重总体上是合适的，就无须焦虑。

体重焦虑可以替代身材焦虑。如果你对身材缺乏自信，那么把身材问题归咎于体重要比解决那些你无法改变的事情（至少要花大笔钱或经历痛苦的手术）容易得多。相较于承认肥胖不是根本问题且减肥不会带来任何改变，告诉自己只要再减几斤一切都会好的，这会令人更舒服。

如果你不喜欢自己现在的身材，那么减肥、健身甚至手术都不能解决这个问题，因为问题在于你的思想，而不是身材。你一定认识很多人，如你的朋友、残疾运动员等，他们没有大众所认为的完美身材，但却对自己的体型很满意。这取决于态度，而不是体重或饮食。

这并非易如反掌，但至少能解决根本问题。如果你对自己的身材不满意，那就改变"不满意"的内容构成，而不是身材。

> 一切源于你思考的方式，而不是你的外表。

你需要认识到，这一切源于你思考的方式，而不是你的外表。

没有人会像你自己一样对你的身材感兴趣，这包括你的伴侣或潜在的未来伴侣（如果对方真的只在意你的身材，那么他配不上你）。没人注意到你的臀部很可笑，你的膝盖有点骨节突出，或者你没有六块腹肌。这个世界上有很多人臀部可笑或膝盖骨节突出，但他们仍然拥有朋友和爱人，所以这些外表并不重要。调整你的态度，不要再为你的身材而烦恼了。

法则 54

享受食物

本书已经提到了一些值得你思考的食物法则，但我并不希望你被这些法则困扰，而是希望你去吸收、整合它们，然后继续前行。如果你对吃什么、吃多少、什么时候吃、在哪里吃有任何问题，最糟糕的做法就是过度思考和分析。尽管你的确需要清除那些你与食物建立健康关系的障碍，但你不必过分认真以至于总是对吃感到困扰。

正如我之前提到的，那些与食物保持健康关系的人通常有健康的身体，他们不会过度操心饮食（除了在训练时有严格饮食制度的职业运动员）。当他们饥饿的时候，他们往往会吃健康的食物，他们也会吃少量的零食。

适量至关重要。如果你下定决心永远不吃巧克力、糖果、蛋糕或布丁，你很可能会食言。如果你状态良好、体重合适，那偶尔吃些甜食能有什么问题呢？即使超重（实际上的超重，而不是出于想象），为自己设定无法实现的目标也毫无意义。我们已经知道，唯一有效的减肥方法就是永久、持续地改变你的饮食习惯。所以你需要坚持做一件你可以忍受一辈子的事情，而不是痛苦地过活。你可能需要一段时间才能找到新的饮食方式（这比一时的改变更有效果），但如果最终的饮食方式要求你不吃自己最喜欢的食物，这仍然是自找麻烦，而且困难重重。

一旦某些食物被禁止，你与食物间的关系就会变得更加复杂。如果我对你说："无论你做什么，别去想北极熊。"你脑海中出现的第一个画面是什么？同样，如果你告诉自己决不吃巧克力，那么你反而总会想吃巧克力。

> 如果你告诉自己决不吃巧克力，那么你反而总会想吃巧克力。

巧克力不是问题，你不会每天吃掉 10 块巧克力，你只是偶尔解馋。那么为什么要永远剥夺自己的权利呢？你钟爱的其他食物也是如此。食物令人愉悦，你没有理由不去享用。如果你想和食物建立一种轻松的关系，那么请放松，去品尝你喜爱的食物。如果你喜爱的食物是健康的，那再好不过了。

第 7 篇

学习

从出生的那一刻开始，学习就已经成为你一生中无法避免的事情了，有些人学习是出于本能，而有些人则是被逼无奈。为了迎合别人的期望或为了满足他人的要求而学习，很容易使你忽视学习本身的乐趣。

掌握一项技能（即使是最基础的），或者开始成为某一领域的专家会让你着迷并备受鼓舞，你会因此觉得自己有能力并且自我感觉良好，这会成为你真正快乐的源泉。因此，通过不断学习新知识来提升你的自信和快乐是有道理的。

学习有时并不需要特别努力。当我离开家，发现没有人为我做饭时，我很快就学会了做饭；当我的第一个孩子出生时，我和我的妻子迅速地学会了如何为人父母。因此，学习并不仅仅是诸如报名参加培训班或者决定买把吉他这样的行为，有时候，生活本身就会带给你丰富的学习体验。有些时候，你的生活相对稳定，这便是你拿起画笔画画、了解铁路历史、加入阅读小组或者继续获取较高文凭的好时机。

这一次，学习并不是别人认为你应该学什么，而是学习你喜欢的任何东西。

法则 55

选择你喜欢的

你还记得在学校被迫学习数学、历史或其他讨人厌的课程有多么痛苦吗？学习的过程痛苦而漫长，你很难集中注意力去掌握那些你理应学习的知识。

现在，请你为自己而学。你可以愉快地告别地理或体育，选择你喜欢的科目。只要你愿意，你可以研究《麦克白》(*macbeth*)^①、磁力甚至牛轭湖。同样，你也可以选择探索晦涩深奥的、不同寻常的、学业以外的事物。现在一切都取决于你个人，凡事任你选择。

学校教育的问题在于，你可能对文学、拉丁语或艺术毫无兴趣，或是对教学方式提不起兴趣。在学习的过程中，你可能期盼过做到融会贯通，但却无法喜欢上实现这一目标的过程。这不仅说明你并不热衷于这些课程，而且表明你的大脑不愿学习。

我有个朋友，她在上学时学习法语很吃力，以至于她最终不得不放弃学习法语。几年后她去了法国，发现自己想学法语。很快她就能说一口流利的法语。虽然科目不变，但通过改变学习方式激发新的学

---

① 英国剧作家莎士比亚创作的戏剧。——编者注

习动机，一切都会变得全然不同。

所以现在，让你的大脑处于最佳的学习状态。最重要的一点是，享受学习的过程不仅能让你学得更快、更好（这点很重要），

> 享受学习的过程不仅能让你学得更快、更好，还能让你乐在其中。

还能让你乐在其中。就算你的水彩画一直画得不够好，你也没有浪费时间，因为你学到了以前不知道的知识，而且自得其乐。

这个道理对你或许显而易见，但我惊讶于很多人仍选择了学习他们并非真正喜欢的东西。问题的关键是，只有你才能决定你要学习什么。不管是父亲认为你应该提高自己的动手能力，或者伴侣认为你应该学习西班牙语，抑或是朋友认为你应该和他们一起去上拉丁舞课，这些都不重要。它只关乎你想要学习什么以及如何学习，你可以听课、读书、上网课，尽情去试错，然后找到属于自己的主题、风格和生活。

如果你学习西班牙语是因为你的上司希望你多掌握一门语言或多考取一份资格证书；如果你有一只狗，你必须学习如何训练它，这些都无可厚非，但你并没有为自己学习。学习需要花费时间，而且你心甘情愿为此花费时间。事实上，当你发现自己不再乐在其中时，你可以随时停下来（这也许从不会发生，但这是一个重要的原则）。

找到学习的动力

根据上一条法则，兴趣是学习最主要且最大的动力，没有兴趣，你将会无比挣扎。对一些人来说，学习知识便是他们的需求。你学到的知识都能激励你持续进步，帮助你提升自我。假设你从来都不擅长烹饪，现在你想有所精进，你可能会发现，每一次烹饪上的成功都会促使你不断地坚持下去，每一道美味的新菜肴都会激励你继续前进。

但是，假设你做的蛋糕并不松软，你做的咖喱淡而无味，你做的布丁没有凝固，或者你做的糕点没有成型呢？通常情况下，你的动力越强，你就越有可能克服这些失望，直到把它们做好。这也是为什么你需要找到学习的动力，进而超越你最初迸发的大胆设想，例如幻想自己赢得了伦敦马拉松比赛，开办个人画展，或者获聘教授。

> 对很多人来说，他人是
> 我们继续前进的动力。

对很多人来说，他人是我们继续前进的动力。在集体中学习，或者由你尊敬的人单独辅导你，这些活动意味着当你感到沮丧时，还有其他人支持你。如果这个方法对你有效，那么和别人一起学习的方法值得一试。事实上，对一些人来说，这可能就是一种动力，它或许比你学习的知识本身更重要。

然而，有些人更喜欢独自学习。无论你是学人类学还是学钢琴，你可能都想要自由地按照自己的节奏和心情进行学习，而不是被迫在别人面前表演。实际上，如果你正在学习人类学，那你可能很难找到愿意随时加入并和你一起学习的人。因此，他人并不总是能为你提供学习的动力。

你能做的最切实可行的事情之一，就是给自己设定一些现实性的挑战。在你的计划中要有这样一种预期：即使你有时候比别人进步得慢，而且在这个过程中会犯错误，你也应该享受其中。所以不要把自己逼得太紧，以至于忘记了享受。例如，在你伴侣生日的三个月前，你决定为其烤一个生日蛋糕。你有足够的时间反复试验，笑对失误，并且有机会在三个月内观察自己学到了多少。

也许你想明年夏天去国外度假，并希望自己至少可以与当地人进行基本的交流，如买博物馆门票、点餐和问路。注意，你只是为了度假，没必要对自己要求太高。如果你超越了这些挑战，这固然很好。但也请记住，生活有时会阻碍学习，你取得的进步可能比你希望的慢。重要的是，你要时常停下来，回头看看自己走了多远。

法则 57

学习源于需求

需求是学习的另一种动力来源，但若掌握不好，则会削弱我们的学习动机。在正规教育中，通常会有一些资格证书或对我们成就的官方认可方式。对很多人而言，这些预期给了我们一个奋斗目标。当拿到证书或奖品时，我们会感觉良好，认为所有的努力都是值得的。

我并不是在批评你。如果这能激励你去学习，那肯定是件好事。但如果认真剖析，我们便会知道证书意味着什么。

> 证书和分数只是从完全无知到无所不知的路途上的站点。

整个教育体系让我们相信学习的目的在于获得资格证书。但我们知道那不是真的，不是吗？当我们踏出校门时，资格证书当然会有帮助，但学习本身才是最重要的。毕竟，通过历史考试并不意味着你现在了解历史了。我的意思是，仍然会有一些你尚未学过的历史知识。这些证书和分数只是从完全无知到无所不知的路途上的站点。是的，它们或许有一些实际用途，你可能会发现它们会激励你学习（这很好），但它们本身并不是终点。除非学校允许学生无须学习自己不喜欢的科目。

这种教育方式的缺点在于，你会执着于达到某个里程碑或者获得资格证书。当你为了完成学业或工作而学习时，这可能行之有效，但我们现在所谈论的学习只是为你自己而学，为自己内心的期待而学。如果你是为了获得满足感而去学习汽车修理，那么有没有证书又有什么关系呢？假使你觉得没有必要达到那个水平呢？假使你对课程所涵盖的理论不感兴趣，只是想把头伸进汽车引擎盖里呢？假使你想继续学习，那么是先考取资格证书，还是直接上手开始实际操作呢？

这没有对错，你只需要确定自己已经认真考虑过了。有些人想要一张证书证明他们跑过马拉松；而有些人只是喜欢跑步，对跑过的距离毫不在意。

对你来说，什么才重要呢？你想获得西班牙语的资格证书吗？或者你只是想在参观这个国家的时候，能和当地人进行交谈？即将到来的考试会带给你学习的动力，还是只给你带来了压力，让你失去学习兴趣？所做皆所愿，所得皆所乐。不用听别人的声音，但要记住，你可以在这个过程中改变心意。毕竟这并不是一个固定不变的决定。一切从心出发。

突破传统模式

无论是学习新技能还是获取新知识，这些事情都令人兴奋，因为你在锻炼大脑，建立神经联结，拓展能力。因此，如果你陷入一种陈旧的模式，那你就不会收获这么多好处。

假如你刚学会冲浪并乐在其中，于是你决定接着学习风筝冲浪，然后学习风帆冲浪。如果你发现自己热衷于此，那继续学习新的水上运动未尝不可。你很开心，这是件好事。

但是不要以为当你学习的时候，你就像用钩针进行编织一样在拓展自己的思维。请记住，为自己而学只关乎你去做自己想做的事情。

我认识几个经常上夜校的人，他们从一门课转到另一门课，每门课花上几个月或一年的时间。如果这是他们喜欢的课程，那当然没问题。对他们来说，社交和学习至少是同样重要的，所以他们从多个层面获得了乐趣。但值得注意的是，学习的多样性不仅关乎主题的多样性，也关乎学习方法的多样性。

你可以花数年时间学习国际象棋，也可以一晚上就学会做肉酱。我已经说过，你不必违心地为某种资格证书或能力竞赛而拼搏努力，

但如果出于自愿，你可以随意地
安排自己的时间。你不必成为主
厨，你可能只是想花点时间学习
几道素菜。你可能很难在一个下
午就学会一些东西，但是你要记

> 你可以花数年时间学习
> 国际象棋，也可以一晚
> 上就学会做肉酱。

住，多样性意味着花五年时间学习一门语言，或者花半个晚上学习字
体设计。你要学会使你的努力、时间和方式多样化，以锻炼你的身体
和大脑。

我们的目标不是完成一项学习任务，然后开始一项新的学习任
务。生活并非如此。在某些领域，你可能永远不会停止学习，而有些
领域的学习则会变得无聊或困难重重。有时，你会突然意识到自己故
步自封，或者只能在特定的时间学习，抑或是只掌握某些技能（例
如，当你在海边时，学习冲浪就容易多了）。所以你的目标不是一个
接一个地学习一系列技能，而是用各种交错的方式来拓宽自己，但务
必确保自己总有想要学习的事物。

寻找适合自己的学习方式

学习方式因人而异。我上学的时候，老师们似乎认为，每个人最好的学习方式是一边听老师滔滔不绝地讲课，一边做笔记。老师们从未教过我们如何有效地做笔记，而似乎是把它当成我们天生拥有的一种技能。

如今，老师们对学习方式的理解比过去深刻了许多（至少在英国是这样），但总有进一步发展的空间。一些人通过阅读文字更容易学会知识，而另一些人通过看图表更容易学会知识。学习方式多种多样，如听或看、死记硬背、使用思维导图或其他记忆技能，等等。

> 在理解自己的思维方式
> 方面，你必须自己尝试。

如果你幸运的话，在中小学、大学、工作场所或夜校，总会有人帮助你找到最佳的学习方式，但在理解自己的思维方式方面，你必须自己尝试。

凡事皆有可能。如果信息没有以最好的方式呈现给你，则错不在你。许多患有阅读障碍或运动障碍的人不能同时听和写，这是我上学时学校老师从未意识到的问题。实际上，即使那些能够做到同时听和写的患者也会通过其他方式更有效地学习。如果允许他们以自己的方式学习，那些患有阅读障碍和运动障碍的学生往往会有出色的表现。

多年来，我了解了各种各样的学习方法，其中一些极具创意，但唯一重要的是，它们行之有效。我认识一个孩子，他在上下楼梯时念乘法口诀比站着不动时念乘法口诀的效果更好。我还认识一个人，她会在重要的演讲之前，用手机录下所有的关键信息，然后在演讲的前一天晚上睡觉前回放给自己听。另一个朋友喜欢用不同的口音说话，并在学习新知识点时切换口音，因为这有助于大脑理解和记忆这个知识点。例如，当他在学校的物理课上学习磁力时，他会用苏格兰口音自言自语；当学习电力时，他用爱尔兰口音；当学习原子结构时，他用德国口音；当学习重力时，他用威尔士口音。他发现，如果用这种方法把词汇和概念分开，回忆起来会容易得多（顺便说一句，我并不推荐用这种方法来学习语言）。

说到这里，一些人仅仅通过说就能更好地学习语言，而另一些人则需要在理解语法之后才能真正领悟语言。一些人喜欢严格按照食谱学习烹饪，而另一些人则更喜欢自由发挥。

无论你是在学习风帆冲浪还是了解新客户的情况，你都需要了解自己的思维方式，不要给自己设定界限，你的目的在于学习。如果你已经这样做了，那么你必然已经掌握了一套适合自己的学习方法，不管它在其他人看来是多么的古怪。

法则 60

亲力亲为

我认识一个通过网络电话 Skype 学习吹风笛的人。事实上，她并没有风笛。人们确实很难看出这和拿着真正的风笛学习会有同样的效果。这是一个极端的例子，它说明了一个原则：当你积极参与，亲力亲为时，你能更好地学习大多数事情。

这在体育运动中最为真实，你可以将其运用到许多学习活动中。小时候，我有幸去意大利亲身体验了那些我在学校里学过的罗马时期的神话遗迹，这让罗马历史变得鲜活起来，让这些历史知识更容易学习和理解。

> 投入越多，
> 学得越好。

投入越多，学得越好。如果你希望躲在角落里读一本有趣的书，且不在乎学习的快慢，那这样读书未尝不可。对于我们大多数人来说，让自己沉浸其中，学习会更加趣味横生，效果显著。

显而易见的是，如果你想学习一项技能，如园艺、篮球或吹风笛，你应花大量时间实际动手去做这件事。你总能找到一些方法让这些主题焕发生机，并通过行动来加深你和主题之间的联系，而不只是空想。

如果你渴望拓展思维，但还没想好具体的专业领域，那么你可以一边学习一边选择。几年前，我成了一所学校的校长，虽然我对教育系统不太了解，但我认为学习的过程充满乐趣。事实证明确实如此，我获益匪浅，并且沉迷其中。

管理学校并不适合每个人，但你可以在当地的慈善机构做志愿者，加入业余戏剧协会（如果你不喜欢表演，还可以尝试灯光布置或舞台管理），帮助管理当地的运动社团，或者加入管弦乐队或流行音乐乐队 ①。如果你不想社交，你也可以做一些记账、记录、网站维护或幕后组织等工作。

如果不停下来反思，那么你很难注意到你在这些角色或工作中学到了多少。你会意识到你在拓展思维的同时，也一直在愉快地拓展知识。记住，学习是为了自己。如果你发现自己并不熟悉某一领域或者在沉迷一时后失去了兴趣，你也可以放手。我知道你不会让人失望。

---

① 他们可能要求你有一件真正的乐器，而不是一个想象的风笛。

法则 61

享受犯错

从某种角度来说，犯错是好事，错误是一种学习的方式，也是让我们进步的方法。犯错让我们迸发思维的火花，找到更好的解决方案。据说至少要从马上摔下来三次，你才能学会骑马。这并不是因为你应该从马上摔下来。落马必然是个失误，但犯错也是为了学习。

我非常喜欢烹饪。我甚至（虽然很少）做过松饼（我知道这没什么意义，因为你可以在超市买到现成的松饼），虽然松饼难做，但我一直很喜欢尝试。好的松饼需要呈现出轻盈、蓬松和黄油般的颜色。我知道这很棘手，我也不知道如何才能做好。在多年的尝试中（虽然每年只做一次），我每次从烤箱里拿出来的松饼都又重又湿。后来我终于意识到了其中的奥秘！我仔细研究了我出问题的地方，我发现在把它放进烤箱之前，松饼坯子温度太高了，最后我终于知道了如何成功地做松饼。我再也不觉得自己是侥幸成功的，因为我知道我在做什么。有趣的是，从那时起我开始在超市买现成的松饼。也许我觉得挑战已经消失了。当我在开始做某件事之前就知道我会做得很好的时候，把这件事做好并不会带给我满足感。

大多数学校不鼓励学生犯错，大部分上司也不喜欢员工犯错。但是，现在该由你自己负责了，即为了你自己而学习，没有人在乎你的错误，犯错多少由你自己决定。每个错误都会告诉你如果你想进一步提高，那么你需要关注什么，这就是犯错的价值所在。你可以欣然接受这个事实：犯错无关别人，只关乎自己。

不管你是认真考虑获得一项资格证书，还是亲自动手尝试一项新技能，你犯的错会告诉你：你是否给了自己太大的压力；任务是否过于简单，以至于你的注意力不够集中；某个环节是否特别棘手；是否在早晨效率更高；与别人合作时，是否事半功倍；是否有噪声时不能集中注意力；是否需要查阅更多的资料；是否应该更有耐心（这对我来说时常发生），等等。你从错误中汲取的价值越多，你就越能接受犯错。

因此，你应尽情享受你所犯的错误，拥抱并笑对它们。我仍记得自己和妹妹第一次试着贴壁纸的情景。毫无疑问，

> 你应尽情享受你所犯的错误，拥抱并笑对它们。

那是学习曲线，而非错误。最初的六次尝试都非常可笑。事实上，我还记得我们对自己的糟糕行为咯咯大笑，但我的确获益良多。

法则 62

不要放慢学习的脚步

当我年迈的姑妈因不治之症住院时，她遇到了一位菲律宾护士，她们相处得非常融洽。在姑妈去世前几周我去拜访过她，她给我讲了她听闻的关于菲律宾的所有趣事。一个人不学习，就代表他已经死了。就我姑妈而言，她还活着。

学习并不仅仅指功课，它可以是任何能以新的方式刺激你大脑的事物，例如，找一份新工作，了解气候变化的原因，学习下棋，开辟你的第一个菜园。如果你从未做过这些事情，或者从未做过你未曾做过的事情，那还有什么意义呢？婴儿的学习速度非常快，在仅仅几个月或几年里就能掌握从动作到语言再到人际交往技巧的所有一切。随着年龄的增长，你为了生存所需要学习的东西变少了，因此你的学习速度随之变慢。但是人类的大脑一直在自发地学习，不要浪费它。

一旦你离开学校开始工作，从通勤到预算的方方面面都需要你考虑，更不用说你所从事的行业了。如果你有了孩子，你就要学习如何为人父母（如果日子艰难，至少你应学会如何不成为父母）。在生活中，我们会学习到许多知识和技能，如时事、政治、使用导航、应对坏消息、煮一颗完美的鸡蛋，等等。

你为经营生活学到的越多，生活给你的回馈也就越多。总有一天，你每次都能把鸡蛋煮好，不需要导航也能对路线了如指掌。你可能很想坐下来，无所事事地生活。但实际上，这正是你应该做一些真正有趣的事情来刺激你的大脑，以保持年轻、兴奋的时候。不管你是 30 岁还是 80 岁，如果那些学习的体验不来找你，那你就主动去寻找它们。

> 如果那些学习的体验不来找你，那你就主动去寻找它们。

你可以挑选任何你喜欢的事情，这多么激动人心！读书、参与公益活动、冲浪、参加培训班、刺绣、当顾问、学习历史……你只需要选择一些深深吸引你，并且可以融入你生活拼图中的事物。但不要止步于此。一旦你掌握了一项技能，你就可以转向另一项。你不需要将所有的空闲时间都狂热地投入到学习中，尽管这样做很好。你可以从事一份令人着迷的志愿者工作或一份新的带薪工作，坚持数年直到感觉自己学无可学。不过，如果沉浸其中，你可能仅需要几周时间便可以掌握冲浪的诀窍。

即使你把自己局限在自己喜欢的、负担得起的、能够控制的并且可以与自己生活融为一体的事情上，这世上也有许多你无法理解的事情，所以学无止境，你没有借口或理由停下学习的脚步。

法则 63

学习根本停不下来

人不可能一辈子不学习新知识。你只需要读读报纸、和朋友聊天、打开电视或登录社交网站，虽然不是所有内容都有用或有趣，但其中不乏学习新东西的机会。即使你已经掌握了生活和工作所需的知识和技能，学习新东西的机会也会不断向你涌来。

你无法"关闭"这些信息，但是你可以把"音量"调低。事实上，这是一项必不可缺的技能，因为如果你参与所有事情，你很快就会超负荷，以至于无法正常工作。为此，我们必须学会过滤信息。在日常生活中，过多的信息并不会干扰我们的生活，但是这无法滋养我们的灵魂。学习是我们作为人类的应尽之事，当你确实需要过滤掉无用信息，或者那些有用但你根本提不起兴趣的事物时，你同时也需要对新的学习内容秉持开放的态度。这就是你成长的方式。

思考一下，你上一次上网搜索新闻故事的背景信息是什么时候？你上一次知道了一个刚听到的词语的意思是什么时候？你上一次理解你一直困惑的事情是什么时候？希望你能够回答这些问题，因为它们本应是经常发生的事情，并且今天可能已经发生了好几次（当然不一定要上网，你也可以查阅书籍或问问朋友）。

学习是人类赖以生存的基础，它充分占据我们一生的时间，它启发我们思考，让我们确信自己正在发展和提升；它让我们保持开放的心态，阻止我们变得保守、偏执或陷于固定的思维模式。所以，如果你想照顾好自己的心理和情绪，那就不要过滤掉所有日常学习的机会。如果你正处于无暇参加培训班或无法认真阅读的人生阶段，那这可能只是暂时的。即使你已经有时间开始经营你的第一个花园或参加平面造型设计的夜校学习，生活中仍有无数的机会让你充实大脑，探索自己感兴趣的事物以及未知的领域。

不要过滤掉
所有日常学习的机会。

所以要养成思考的习惯："我想知道这件事情的背景是什么？""这新闻是真的还是假的？""这个词从何而来？""我想看一下相关数据。""为什么它会这样工作 / 运转？"然后核对答案。有些答案可能需要花点时间，有些可能会把你带入一个全新的、有趣的探究领域。尽情享受吧！

法则 64

学习需要反思

学会问问题便是一个好的开始，它有利于我们学习新事物。随着时间的推移，你会变得思想开明、见多识广、对世界更感兴趣，人也会因此变得更加有趣。你会发现生活也会变得更有意义。

你希望在精神和情感上变得更加富足吗？为此，你可以问一些关于你自己的问题——你的经历、你的行为习惯和你的生活。例如，"我为什么会有这种感觉？""我为什么会那样做？""与以前相比，我的态度发生了什么变化？"

我们之前已经谈到了建立心理韧性的重要性，而自我意识是其中一项重要因素。不管事情是否进展顺利，如果你养成了质疑自己的习惯，这就会满足自己发展、成长和提高的需求。

当我回顾三四十年前的自己时，我几乎认不出自己了。我在很多方面发生了变化，并对这些变化感到高兴。生活让我们发生了巨大的变化，确保它们是积极的变化的方法就是意识到这些变化并掌控好它们。你需要不断地问关于你自己的问题，并保证你得到了

> 不断地问
> 关于你自己的问题。

答案。

你可以问的最有帮助的问题之一是：我能从这件事中学到什么？当你经历困境或创伤，或者觉得自己把事情处理得很糟糕的时候（或者处理得很好的时候），多问问自己发生了什么，思考一下，下一次你是否会有不同的做法，或者你想反复借鉴的经验是什么。

如果某件事让你感到生气、害怕、不安或担心（我们都不喜欢这种感受），那么，有必要问问自己下次怎么才能不这么生气、害怕、不安或担心，否则，这种情绪反复出现就不足为奇了。你可能不会在一夜之间改变自己的反应，但随着时间的推移，你会发现自己比以前能更好地应对不良情绪了。这同样也适用于应对消极事件。思考一下，作为父母、职员，或当你与母亲交谈的时候，抑或是当你撞车的时候，你本可以在哪些方面做得不同。

这并非难事，我不明白为什么不是每个人都理所当然地这样做。每天晚上睡觉前，或者在你每天通勤的途中，抑或是散步的时候，想想你对自己了解多少。奇怪的是，很多人没有做到这一点，所以他们无法更好地应对生活。我们都认识一些人，他们莫名地挣扎于正常生活中，总是对同样的情形处理不当。请不要成为他们中的一员。

第 8 篇

育儿

作为父母，我们很容易迷失在各种活动、压力和忙碌之中。我们把很多时间都用于处理一些微小的紧急事件，或者试图掌控一切。我们或许需要兼顾工作和更多的家庭需求。这多少有几分道理，正如法则 1 中提到的，关注他人往往比关注自己带来更多收获。

当你对自己的生活感到很满足时，你就能更有效地照顾你的家人。虽然专注于家人会有所帮助，但你可能过犹不及。为人父母是一件有意义的事情，虽然这并不总是有趣的，有时甚至十分辛苦，但总体来说，你应该对此感到满足。所以，你需要照顾好自己，至少在某个美好的日子里去享受生活。这样，你的孩子才能在轻松、有爱的家庭环境中成长。

你只需要保持一颗警惕之心。为人父母要求你经历婴幼儿时期的不眠之夜，学步时期的无从休息，学龄时期的社交和学业问题，以及比婴儿时期更脆弱的青春期的各种危机，这其中的每个阶段都伴随着巨大的改变。如果你有几个孩子，特别是你有一个蹒跚学步的孩子和一个正处于青春期的孩子，那么你的工作将更加复杂、更具挑战性。因此，在这些事情中为你自己腾出点时间非常困难，但这也不是完全不可能的。下面这些规则将会对你有所帮助。

法则 65

记住你在"抽干沼泽"

当你的脖子即将进入鳄鱼的口中时，你很难记得你的目的是要抽干沼泽。当你连续几天、几个月甚至几年都没有睡好觉，每天还要面对一堆没洗的衣服、没辅导完的作业以及那些在时间和情感上不切实际的要求时，你更容易忽略你的初心。

每个人都在谈论有孩子的快乐，但其实你在许许多多的日子里都难以寻到快乐的踪迹。在那些日子里，你觉得自己就像个苦力、一个没有报酬的仆人、一个佣人。在那些日子里，你真的感觉不到你是在为自己做这些事，而更像是为了他人。

> 尽可能多地提醒自己，
> 成为父母的意义是什么。

这可能稀松平常，但却没有丝毫乐趣。所以尽可能多地提醒自己，成为父母的意义是什么，你至少每天需要问自己一遍（当然次数越多越好）。花时间去体会为人父母的美妙之处，而不是把注意力放在自己有多辛苦上。如果足够幸运，这些美好的时刻会自动到来。有时候，它们纷至沓来；而有的时候，它们寥寥无几。不管它们以什么样的方式到来，重要的是你要在它们发生的时刻觉察到它们，并有意识地告诉自己："这太美妙了，这才是它全部的意义所在。"

同时，你要积极主动。如果那些快乐的时刻没有出现，那就自己去创造。即使每天只有5分钟，也要确保你有时间享受为人父母的乐趣，并有意识地去欣赏这种乐趣。你要允许自己暂时放下洗衣服那些苦差事，让自己沉浸在快乐的时刻。

你最喜欢为人父母的哪一点？就我个人而言，我最喜欢睡前与孩子们依偎在一起给他们讲故事。不幸的是，青少年似乎不喜欢这样，但是年少一点的小孩子喜欢。不管你今天过得如何，你都可以卸下所有的担忧和疲惫。你要提醒自己为什么要这么做。当然，你不一定非要选择睡前读书这项活动，你和孩子只要拥有专属时间，就可以尝试任何你们感兴趣的活动，可能是去公园游玩，在餐桌上画画，或者一起看喜欢的电视节目。关键在于，你要把一切都抛在脑后，活在当下（见法则39）。

每个孩子都是不同的，每个年龄段也是不同的。我的几个孩子，有的喜欢洗澡，有的讨厌洗澡，还有的虽然喜欢洗澡，但一洗完就大发脾气（这会让父母不那么开心）。如果你的孩子喜欢某件事，那这又是一个寻找为人父母之乐趣的好时机。

随着孩子慢慢长大，你需要灵活一些，找到你做新事情的时刻。越是这样，你就越能注意到自己是多么享受那些美好的时刻。每天你越多地提醒自己"这太可爱了"，你就越能在洗衣服、处理争吵、整理玩具的间隙中感受到快乐。

法则 66

人无完人

对父母而言，最让人心碎的事情之一可能是内疚感，即感觉自己把事情搞砸了，或者意识到自己本应该能更好地处理一些事情。在一天结束时，孩子们都入睡了，你回顾这一天，对自己感到失望，因为你表现得烦躁易怒，或没有认真倾听孩子的话语，或忘记让他们穿外套，或强迫身体不舒服的他们去上学。

我们都有过这样的经历，但内疚毫无意义，这只会让你感觉更糟糕，而不能让孩子们感觉好点。诚然，一些实用的回顾和反思非常有用（提醒自己：如果下雪了，建议他们穿外套），但是诸如不称职感、失败感和内疚感等消极情绪对任何人都没有帮助。所以，甩掉它们，专注于明天。

如果你能找到一位从不犯错的家长，请告诉我，我从来没有遇到过这样的父母。事实上，你能想象在完美无瑕的父母的陪伴下长大是一件多么悲惨的事情吗？你的孩子可能会觉得自己无能，也不会有和那些脾气暴躁、健忘、专横或一时缺乏幽默感的人相处的经历，或者也没有人为他们树立起在犯错时如何道歉的榜样。这些都不是成年人生活的基础。你的孩子不需要完美的父母，他们需要你有人情味，他们才会有人情味。

当你感到自我怀疑时，这三件事也许能帮助你。首先，把你觉得下次可以做得更好的方面记录下来，作为一种实用的提示，

> 你的孩子不需要完美的父母，他们需要你有人情味，他们才会有人情味。

而不是一种情绪上的打击。例如，如果在你忙得不可开交的时候，你的孩子试图认真地跟你对话，这肯定没用。所以你要下定决心，下次再发生这样的事情，要么停下你正在忙的事情，要么让孩子等一等，直到你能给予他们足够的关注。这是一个对未来有用的备忘录，它让我们把今天的经历视为学习（而非自责）的宝贵机会。

其次，提醒自己要有大局观。你正在努力让孩子健康地成长，培养他们掌握生活所需的基本技能。在这个横跨 18 年甚至更久的宏伟计划中，你今天脾气不太好，或者你今天忘了买面包，抑或是你没有意识到雪天这么冷，这些又有多大关系呢？它们还没有重要到让你去为难自己。其实大多数时候，没有人会记得那些细节，孩子们有可能会津津有味地谈论爸爸带着他们不穿外套去堆雪人的故事。

最后，回顾你一天里做对的所有事情。孩子们都穿着干净的衣服，每个人在遛狗时都很开心，完成了购物，午餐很好吃，洗澡很有趣……这只是些许例子，但如果你在一天内做到了这么多，那你真的已经做得很好了。如果你想要评估哪些方面还有提升的空间，那么你最好回顾一下自己做得成功的事情。毕竟，这是不错的练习。

法则 67

了解自己

根据上一条法则，人无完人。任何人犯错都是可以被原谅的，特别是当你经过反思并且能从错误中吸取教训时，这样你就不太可能重复犯同样的错误，或者重复犯错的次数要少得多。

作为家长，了解自己十分重要。这样你可以发现某些类型的行为正在发展为一种习惯。虽然我们都会时不时地犯错，但日积月累，它会变成一种偏好或习惯。所以，如果你不喜欢某些行为，那就需要去分析它，以减少这种行为发生的次数。如果你觉得当你的优点多于缺点时，你会更加欣然地接纳自我。通过这种方式，你能放松下来享受为人父母的乐趣。

举个例子，我认识一些父母，他们经常生气。不管出于什么原因，那都是他们的天性，而他们的所作所为都会在他们教养孩子的过程中显露出来。现在，在某种程度上，孩子仍可以非常愉快地成长，他们能够接受妈妈有时候大吼大叫的样子，或者爸爸经常唐突无理的样子（可能这容易让你与虐待关联起来，但我认识的那些父母并非如此，他们只是脾气暴躁而已）。然而，如果你是这样的父母，但你又不想成为这样的人，你首先必须意识到并承认这一点，然后你才能去处理它。虽然你不能在一夜之间就完全改变这种情况，但你可以努力地解决它，你可以独自应对它，也可以在家人、朋友或治疗师的帮助下去应对。你可以做很多事情来改变你的行为，避免触发它们，但前提是你已经诚实地面对自己并且认识到了这些行为。

我认识一些家长，他们容易心烦意乱，从不好好倾听，或对孩子生闷气，或批评孩子，或对孩子施压要求其考出好成绩，或过分表扬孩子（或从不表扬），或溺爱孩子，或对孩子有太强的控制欲。有时候，我们都会做一些这样的事情，这是正常的。但如果你不喜欢频繁展现出一些令人不愉快的习惯，那么意识到这些习惯是做出改变的第一步。

这并不意味着你要试图变成另一个人。一些父母更擅长读故事，而不是和孩子们一起做手工，或者更适合与孩子们做运动而不是下棋。没有人无所不能，你的孩子会接受这一点，并意识到他们也不必事事完美。这只关乎你的行为，而非人格。如果你不喜欢自己吹毛求疵，那么你可以努力改变和提升自己。

> 这只关乎你的行为，
> 而非人格。

同时，你要观察你有哪些好习惯。例如，你总是很有耐心，你对孩子很友善，你是一个好的倾听者，你是一个常常开怀大笑的人，你是一个公正的人，你是一个言行一致的人，等等。你要认识到自己的优点并给自己一些奖励。有自知之明意味着你要认识到积极的方面，并把它们与你想要改变的事情进行比较和权衡。

相信自己的判断

有趣的是，人们总是乐于向别人提供关于如何养育孩子的建议。当我说"这很有趣"的时候，其实我并不觉得有趣，而是愤怒。我的观点是，除非有人特意问你，否则你永远都不应该给出育儿建议。任何有足够知识来给出建议的人都需要充分认识到每个孩子、每位家长、每个家庭都是不同的。因此，适用于自己的方法并不一定适用于其他人。

如果你不相信你为人父母的能力，那么你会很容易感到你的信心正在被你的母亲、朋友或那些校门口告诉你应该做出哪些改变的家长所侵蚀。也许你对孩子太温柔了？也许你在孩子的饮食中加入了太多肉？也许他们应该早点睡觉？他们真的是班里唯一没有手机的孩子吗？

作为父母，想要照顾好自己，保持积极的态度，最好的方法之一就是给自己戴上"眼罩"。这样，你只需关注自己的孩子，理智地思考对他们及对你有效的方法，而不用在意别人在做什么。你也可以偶尔偷看一下，看能否发现一些对你有用的好方法，但也可以按自己的方式做事情。任何未经请求的建议都应该被忽略，或者仅仅把它们作为参考意见。

家庭教育应与社会保持适度一致。当你决定如何抚养孩子的时候，如果你与世人的看法完全不一致，那这对你的孩子来说并不是一件好事。按照你自己的方式抚养孩子并不是让你的孩子与他人格格不入。例如，如果学校里的其他孩子都穿校服，那你的孩子最好也穿同样的校服。

我的一位朋友的孩子患有社交障碍，她曾经觉得参加派对是一件特别恐怖的事情。因此，我朋友和她一起去参加了几次生日派对，然后只是在派对上待上几分钟就悄悄地离开，后来他只是把女儿送到派对，把她独自留在那里。这对他们来说很有效，但却未必对其他有社交障碍的孩子有用。事实上，这样做可能会让事情变得更糟糕。或许，有些孩子需要长大一些再去参加聚会，而有些孩子更适合从一开始就自己照顾自己。只有你自己知道哪种方法有效，虽然这可能需要你不断试错才能弄明白。没有人能根据他们的经验告诉你，你应该做什么。

> 没有人能根据他们的经验告诉你，你应该做什么。

这同样适用于给孩子多少零花钱、多久给孩子洗一次澡，以及是否在孩子的卧室里安装电脑或其他电子设备等问题。不管你是否能应对清晨的争吵、睡前的口角，或是让你的母亲照看孩子，你都需要保持理智，才能掌控这些事情。因此，一定要相信自己有关教养孩子的判断。当别人告诉你你该怎么做的时候，你只要说："谢谢，我会记住的。"然后按照自己的方式去做。

法则 69

坦诚面对自我

你可能已经注意到，所有这些育儿法则都包含了坦诚面对自我的元素。如果你在日常生活中随波逐流，那你将很难享受育儿过程。即使生活忙忙碌碌，你也能在购物、上下班路上或洗衣服的时候进行反思和理性的思考，这会让一切都不一样。如果你对现状满意，那么你不需要做出改变。很显然你必须清楚哪些部分需要改变。

有时候，我们很清楚哪些部分出了问题，也很容易识别和处理它们。例如，就寝时间需要提前 15 分钟，或者一周购物两次比隔天购物更合适。

然而，有些亟待改变的事情会让你不知所措。也许你讨厌玩儿棋盘游戏，但你的孩子却很喜欢，并要求你每天都和他玩儿。你是打算继续忍受下去，还是想些别的办法——做别的游戏，或者找别人来玩儿棋盘游戏？这很直接，也很容易解决，但要承认你不喜欢和孩子们一起玩儿并不总是那么容易。所以要坦诚面对自我（你不必公开忏悔），承认你喜欢和孩子一起玩儿，但不是玩儿棋盘游戏。没关系，我们都经历过这些事情。

假设你有一个最喜欢的孩子（虽然很多父母不会偏袒某个孩子，

但一些父母的确会表现出来）。当然，不要向孩子承认这一点，但你要对自己坦诚。如果你意识到这一点，那么对孩子们隐藏这个事实就会容易得多，因为这样你就会注意你对孩子们的态度并确保你不会表现出来。

偏爱某个孩子往往能体现出父母的特点而非孩子本身。一些父母偏爱某个孩子，因为这个孩子更易相处；或者因为这个孩子更需要帮助，而父母也喜欢被需要的感觉；抑或是你经常和这个孩子在一起。所以想想你为什么会更喜欢某个孩子。事实上，人们在施以博爱的时候很容易会有所偏好。然而，当你刻意多花时间陪伴其他孩子时，你有时候可以纠正这种不平衡。所以如果你对自己不够坦诚，那这些做法都不可能实现。

当你身处困境时，坦诚面对自己至关重要。只要你寻求帮助，你总能找到某种形式的帮助，这些帮助可能来自家人、朋友、团体、慈善机构、政府等。如果你觉得很难开口寻求帮助，那也要坦诚面对自己：为什么这么难？如果你不说会怎么样？你还有其他选择吗？

> 当你身处困境时，
> 坦诚面对自己至关重要。

所有父母都需要帮助，只有那些已经得到帮助的父母才不会去求助。他们也会问，自己工作时是否能把孩子送到托儿所？是否有朋友一起照顾孩子？是否有家人住在附近？是否有足够的钱请钟点工或保姆？

学会沟通

养育孩子是夫妻共同的事情，除非你是单亲家长。

有些家庭中，成员分工很明确，工作挣钱的一方不用做太多的育儿工作；而有些家庭的分工则有所不同，夫妻双方都工作，他们一个人做饭，另一个人洗衣服，或者一个人在工作日照顾孩子，另一个人在周末照看孩子。只要大家都满意，任何分工或安排都可能出现并被接受。

你对你的家庭分工满意吗？它对你适用吗？有时这些分工协议在第一个孩子出生之前就达成了，但我们直到孩子出生才能真正了解有孩子的生活是什么样子的。也许这种安排对蹒跚学步的孩子很适用，但当孩子长成青少年时，你们中的一方可能就会比另一方辛苦得多。你可能对此感到满意，也可能不满意。

我认识一对夫妻，他们一开始都同意有了孩子后，两人都要工作，但母亲需要一边工作，一边照顾孩子。这是因为父亲从事着高强度、高收入的工作，而母亲的工作则不然。不幸的是，他们的两个孩子患有严重的疾病，需要精心照料，所以母亲不得不停止工作。随着孩子们慢慢长大，她终于有机会重新工作了。她开了一家小公司，生意兴隆。父亲也减少了自己的工作量，但母亲仍然要继续照顾孩子，因为对她来说，这是事先就商量好的，她也没有反对。但这项事先确立的协议并未考虑到他们当前所遇到的意外情况。

这个例子旨在告诉你沟通的重要性。孩子们在不断成长和变化，父母的职责也随之变化。如果你的伴侣、母亲、兄弟或朋友密切地参与到养育孩子的过程中，那么你们必须像一个团队一样工作，而优秀的团队会进行有效的沟通。

在一些家庭中，因为双方没有进行有效的沟通，其中一方最终变得疲惫不堪，而另一方却从未意识到对方付出了那么多，这进而导致了不平衡的夫妻分工。但如果双方能互相交流一些小问题或发发牢骚，那么他们的日常生活将会变得更为轻松、顺畅。他们不仅可以交流那些实际的事情，例如，"如果你只在周末洗衣服，那么孩子们到周五就没有干净的袜子了"；也可以谈论情绪及感情，例如，你觉得你在这些糟糕的分工中承担了不公正的份额，或者你在周末需要有几个小时自己的时间，或者你发现一个孩子在此刻很难相处，或者再做一份午餐你就会大发雷霆。

如果你不告诉你的伴侣（或母亲、兄弟、朋友），那么对方就不会知道你的感受，所以不要让对方为难。就像你在工作中所做的那样（我希望如此）——以一种希望一起解决实际问题的方式说

> 如果你不告诉你的伴侣（或母亲、兄弟、朋友），那么对方就不会知道你的感受。

出问题。另一方也要记得回应，要做到这一点，就要学会建设性地倾听，并且当伴侣告诉你其需要你的帮助时，尽最大努力去帮助对方。当界限被重新设定后，你们彼此都需要遵守新的安排。这并不总是轻而易举能做到的，但如果没有建设性的改变，沟通将变得毫无意义。

法则 71

维持良好的伴侣关系

有这样一段时光，直到晚上睡觉时我们才庆幸自己熬过了一天，更别说享受生活了。但总有一天，你将完成你为人父母的职责（当然，实际上这是不可能的）。但是，当你的孩子离开家的那一天，为人父母就变成了一项完全不同的工作。房子里还剩下谁呢？只有你和你的伴侣。不管你是独身还是有伴侣，你都可以在法则 87 中找到更多的相关内容。

我希望这个想法能让你兴奋。我也希望你觉得孩子离开家后的生活就像孩子出生之前的生活，你们将能够一起去做那些双方都喜欢却又没有时间做的事情。但是，要达到这个目的，你需要的不仅是希望，你们还需要保持当初的关系、火花及爱意。

许多夫妻花了 18 年左右的时间埋头苦干，每天一门心思放在孩子身上。这可能十分艰难，也可能充满乐趣，可能有时两者兼有。然而，在孩子们离开家后，他们可能几乎不认识对方了，也不记得他们当初为什么会在一起。他们可能在过去的 18 年里成了合作愉快的队友，但现在他们的共同任务已经完成了，他们再也找不到在一起的理由了。

一些夫妻在努力补救这个问题，而另一些夫妻则觉得为时已晚。庆幸的是，有些伴侣能成功地找回他们曾经拥有的东西，而如果从一开始就不曾失去，那么日子会容易得多。如果你在做这一切的同时，还能体验到伴侣走进房间时心跳加速的感觉，那养育孩子的日子将会变得多么有趣。

你们为什么需要彼此相爱？一个原因在于，孩子和父母在同一屋檐下生活了 18 年，不可能没有注意到父母之间的关系。他们需要能够无忧无虑地离开家。当他们看到你们在没有他们的时候也能幸福快乐地生活，他们会轻松许多。

> 你和伴侣之间的关系比你和孩子之间的关系更重要。

值得注意的是，你和伴侣之间的关系比你和孩子之间的关系更重要，因为孩子也需要如此。他们应该看到你有比他们更重要的关注点。我不是说，你应该对每个人都同等关注，那是不可能的，也是没有必要的，但你的孩子们最终会找到自己的伴侣。对他们来说，伴侣可能比你更重要，这是应该的。同时，你和你的伴侣可能还要一起度过几十年，那些时光越快乐，对你们就越有利。

所以，不要总想着你们下周或下个月会待在一起，或者等你最小的孩子上学后才去努力改善你们的关系。拖延是非常危险的敌人。你们要花时间相处，相互交流，保持性生活的活力（即使不像以前那样充满活力），找到一些可以一起笑的事情。现在就开始一起笑吧！

法则 72

保持健康

为人父母有时是一件极具挑战的事情，尤其是当你一开始就力不从心时。作为父母，你会出自本能地将孩子放在第一位，将他们的健康问题置于自己之前。在很多方面，这就是你有了孩子之后的生活方式。通常，抱怨是没有意义的，因为蹒跚学步的孩子不会在意你是否头痛或不舒服。你可能会从 10 岁的孩子那里得到一些同情，但他们到了十几岁的时候，他们又会变得漠不关心，因为他们自身面对的问题显然比你的严重得多。

作为家长，尽最大努力保持健康非常重要。也许，你没有时间每天早上为自己做一杯健康的鲜榨果汁；你可能没有时间去健身房，或暂停铁人三项练习，抑或减少参加瑜伽课的时间，而这一切都很容易使你走向另一个极端——由于时间短缺，没有孩子捣乱的时间更是很难找到，所以许多父母完全忽略了自己的健康。

孩子们需要健康的父母，如果你都没有足够的"养分"，那

> 孩子们需要健康的父母，如果你都没有足够的"养分"，那他们又从何汲取呢？

他们又从何汲取呢？为了孩子的健康而忽略自己的健康是不明智的，你需要记住，照顾好自己是为了更好地照顾孩子，也是为了你自己。你可能患有慢性病，在这种情况下，作为家长，这肯定是一个巨大的挑战。不过，你不必成为世界上最健康的父母，你只要达到最健康的状态就行。

当孩子还小的时候，你不需要去健身也能保持健康，因为他们是非常有效的健身工具，你需要一直跳起来给他们取东西，在他们跌落台阶前跑过去抓住他们，把他们从手推车、高脚椅和汽车座椅上抱进抱出。虽然这种情况最终会逐渐消失，但你仍需确保你拥有良好的健康状态。

最重要的是，你需要合理饮食，这对身体健康至关重要，但却容易被父母忽略。你不想在下午五点半吃东西，所以你决定等孩子们睡觉后再吃。但等他们睡觉后，你又很劳累，便随便抓起一块奶酪、几块饼干或一片吐司应付。这样一次两次没问题，但这很快就会成为一种习惯。所以，你需要严格要求自己食用蔬菜水果以及其他有益健康的食物。这也是在为孩子们树立一个很好的榜样。

此外，你还需要关注心理健康，你的孩子极度需要你有强大的情绪恢复能力。所以，尽可能多地利用这本书中关于放松和复原力的法则，确保你能以最好的状态和孩子们一起玩乐，在必要的时候鼓起勇气对他们说"不"，并应对可能的后果。每个人的经历不同，但我知道很多父母会告诉你，当孩子们对你身体的需求减少时，在情感上的需求将会增加。然而，在情感需求方面，蹒跚学步的孩子和青少年并没有太多差别。

第 9 篇

工作

当一切进展顺利时，工作可以鼓舞人心、催人奋进、带来满足感和成就感。但事实并不总是这样的。有些工作可能非常困难、无聊、令人沮丧、让人精疲力竭。如果生活中的其他方面不如意，那么再好的工作也会让你觉得辛苦。

工作占据了我们清醒时的大部分时间。所以，如果我们想照顾好自己，那就需要确保自己以尽可能健康的方式工作。这既包含了身体健康，也涉及心理健康。这不仅会让每周 40 多个小时的工作更愉快、更轻松，也有助于提升非工作时间的幸福感。

有些人经常出差，不分昼夜地收发电子邮件，或者参加周末会议和早餐会议，他们因此承受着巨大的压力。这些高压工作对一些人来说非常适用，但对另一些人却完全不适合。如果这些疯狂的事情给你带来了强烈的兴奋感，那你就能应对自如，如果你能不受其他事情的干扰，潜心工作，那你也能享受其中。当你年轻、自由的时候，为工作而活要比为他人而活容易得多。

不是每个人都能从事令人兴奋的工作，如果你有这样的工作，并且很喜欢它，我不会阻止你。但是，当你不喜欢你的工作时，它就会损害你的健康，一份你不喜欢的高薪工作比每周几小时的兼职工作还要糟糕。因此，无论你做什么工作，无论你工作多少时间，一定要确保你付出的努力与从中获得的乐趣相匹配。这部分的法则能确保你尽可能地保持开心和健康。

法则 73

保持激情

足够强烈的动机让一切都变得有意义。如果你的工作令你十分愉快，你每天早上醒来都期待去上班，那这再好不过了。但没有多少人能这么幸运，我们大多数人都有不想工作的时候。这可能不是工作的错，可能是因为你正在经历一段糟糕的关系，或者你在忧心经济问题，抑或是你的一位朋友病得很严重。

不过，有些工作本身也会经历一些困境，如换了新上司、换了工作方式，或者是季节性的订单高峰，这意味着它们需要你投入更多的精力，而回报却不那么明显。这时候，你会发现自己整天都在熬时间，盼着下班。

如果这就是你对工作的感受，那么你已经失去了动力和激情。这可以理解，但你需要为此做出改变，因为从长远来看，这些挫败感和无聊感会使你失去工作热情。你的心理健康会受到影响，身体健康也会随之受到影响。

关键在于，你要记住自己为什么要做这份工作，它在哪些方面对你有益？在金钱、事业和友谊方面，你可以从中获得什么？你应专注于长远利益，而不是眼前的任务。你需要将目光从平凡的琐事转向更长远的益处。也许，这份工作很无聊，但你的同事是你真诚的朋友，或者你可以获得可观的收入，再或者工作时间正好契合你的家庭生活，抑或这是你职业生涯阶梯上所需要的一步。

> 专注于长远利益，而不是眼前的任务。

如果你实在找不到一个值得做这份工作的理由，那么你可能需要问问自己为什么要做这份工作。如果不是钱的问题，那么你大概不需要这份工作。有时候，我们会失去长期的动力，因为这份工作实际上已经不再适合我们了。如果真是这样，那么你应该认真考虑辞职去做点别的事情。我并不是建议你丢下这份工作，我只是建议你想想这份工作对你意味着什么，你还能做些什么。离职的倾向可能会帮助你想明白自己为什么想要留下，为什么留下就是你的动力。

还有一种可能，这份职业已经不再适合你了。我有一个朋友从银行业转行去做了老师，另一个朋友从企业营销转行成了一名治疗师，还有一个朋友离开出版业去经营一家慈善机构。我从事过很多工作，当我开始一份新工作时，不管原因如何，至少我已不再有动力继续从事原来的工作。

法则 74

不要加大赌注

"不要加大赌注"这条法则适用于那些坚定的、有动力的、有完美主义倾向的人。很多人在生活中的某些时刻和某些领域都有这样的倾向。例如，我在工作的时候就是"我"，但做家务的时候就不是"我"了。在为自己设定了一个目标后，你就要开始努力地去接近它并实现这个目标，因为你是一个坚定的、有动力的完美主义者，然后你会设定更高的目标。但问题是，不实现目标，你就永远不会真正获得成功。

无论是工作还是其他方面，这样做都可能会让你失去动力，变得沮丧，甚至容易感到疲倦。考虑到在工作上投入的时间，这可能会让你备受打击，并失去工作的乐趣。你从来没有机会坐下来享受成功的滋味，因为你一直在逼自己努力向前。当你完成了一个项目时，你往往把注意力集中在那些你本可以做得更好的方面，而不是承认自己做得很好。

有些人不断提高标准，以至于他们永远无法实现目标。即使你很难在自己身上发现这一点，你也一定在别人身上看到过。如果你从字面上理解了这个比喻，你就会发现这在运动员群体中很常见。一旦他们意识到自己可以越过横杆或在 4 分钟内跑完 1500 米，他们就会立即想要再次提高横杆，或者在 3 分 55 秒内跑完 1500 米。

我知道你很喜欢挑战；我也知道，降低标准会让你很痛苦。对你来说，不断鞭策自己很重要。这些都没问题，只要这么做能让你开心就行。但对许多人来说，这并不会让他们快乐，而另一种选择——毫不在意、不敢尝试，则会让他们更痛苦。

因此，对那些由于过度要求自己而耗尽精力或痛苦不堪的完美主义者来说，这里有一个解决方法：永远不要提高标准，并让这成为你的一条生活法则。一旦你给自己设定了一个目标，就要朝着这个目标努力。当你实现这个目标时，请停止。停下来回顾一下你所取得的成就，为自己感到高兴，承认你的成功并为自己庆贺。

> 永远不要提高标准，
> 并让这成为你的
> 一条生活法则。

这么做是否会让你感到高兴、有成就感呢？你是否享受了自己的荣耀时刻呢？记住，这是你应得的。现在，你可以给自己设定一个新目标，并重新开始朝这个目标努力。从长远来看，这并不会改变你取得的成就，你仍然在朝着更远大、更优秀的方向努力。唯一的不同在于你的态度。现在，你能够体验到成功的滋味，并有时间（一个晚上、一个周末或任何合适的时间）让自己感觉良好。

如果你刚刚成功地完成了产品发布会，那就给自己一些时间，让自己坐下来享受这种感觉，回顾它进行得多顺利，团队合作得多好，客户对它多感兴趣。如果你不能认识到自己做得有多好，那么你就无法学会重复你做对的事情。如果你领导着一个团队，那么队员们需要听到你对团队所取得的成就的认可。

法则 75

设立底线

如果你的同事、母亲或朋友总是开心地做你让他们做的任何事情，你会一直寻求他们帮忙，对吗？你需要帮助，而他们似乎并不介意。你迟到时，同事能为你掩护几分钟；你可能会让你的家人或朋友在外出时帮你买些东西，或帮你照看一会儿孩子。

如果你乐于帮助别人，那么他们也更有可能请你帮忙。在某种程度上，这是没有问题的。但有时，他们不知道底线在哪里，超过这个界限，就有问题了。只有你自己知道这个界限在哪里，因此你需要让他们知道。否则，他们会提出不合理的请求。

这个界限会不断变化。某天，你可能很容易替同事打掩护，但其他时候可能就不一样了。他们该如何理解呢？事实上，他们不打算也不会去理解。如果你今天同意加班到很晚，那么你的上司会认为下周再让你加班也是可以的。即使你勉强地说"就这一次"，他们也不会听的，这是人的本性。因此，你需要有明确的底线并且

> 如果你今天同意加班到很晚，那么你的上司会认为下周再让你加班也是可以的。

坚持这些基本原则。即使是在你真的可以帮忙的时候，你也要设立底线，因为你不想开创先例。

当然，在你设定的范围内尽可能帮助别人，这是一件好事，而且你可以自己选择这个范围参数。例如，只要不超过下午 6 点，你很乐意加班。你应冷静地选择和设立自己的底线，而不是一时冲动地做出决定。你一定要提前知道你会拒绝什么，不会拒绝什么。例如，你可能会坚持朝九晚五的工作，不在晚上、周末及休年假时查看邮件。这些做法对你的心理健康绝对大有裨益。另一个极好的规则是，永远不要把工作带回家，这可能会产生滑坡效应。

我知道如果你在伦敦金融城从事着一份高压工作，人们普遍会认为你每天都要工作到很晚，且 24 小时待命，那么上面的一些建议听起来会非常荒谬。坦率地说，我不赞同上司对员工提出太多的要求，但我知道这种情况经常发生。如果你热爱这份工作，那再好不过了。但如果这种工作模式让你不开心，那么你可能需要和上司谈谈对双方都适用的工作方式。如果上司不同意，你要么离开，要么在未来的某个时候精力枯竭。

法则 76

在家"定时关机"

上一条法则是关于在工作中如何设立底线的，目的是让别人知道你的底线。你需要遵守这些基本原则，你的同事也同样需要。你可以很容易地说服自己加班，或者替别人打掩护，除非你明白一个道理：1米很快就会变成1000米，一次加班会逐渐变成每周一次加班，然后可能会更多。

休息对你的健康至关重要。最理想的情况是，你不用总是工作，当然并不是所有工作都能这样，也不是所有人都能做到。你可以在早上通勤的路上翻阅文件（只要你不开车就行），也可以在家查阅一两次工作邮件。但你必须确保这总是对你适用。当你在家忙于工作时，或者当你收到一封令人沮丧或忧心的邮件时，你会感到很有压力。

如果你在家工作，不管是长期的还是偶尔的，这条法则将变得非常重要。如果你打破了"晚上不工作"这条规则一次，就一定还会有下一次。很多年前，当我还年轻且单身的时候，我可以在家工作到凌晨两点，没有人在意。但是，在我有了家庭之后，如果我花一整个晚上工作，那么这对我的家人来说是不公平的。所以，我制定了这个规则：在晚上 6 点以后和周末都不工作。

所以，你需要制定适合自身情况的基本规则，并且认识到它们可能会变化。重要的是，你要放下工作，因为在心理上把工作和家庭明确分开更有益于健康。因此，你要设定清晰的界限并且遵守原则。

> 在心理上把工作和家庭
> 明确分开更有益于健康。

当工作进展顺利时，你可能真的很喜欢在正常工作时间之外也沉浸在工作中（尽管你的家人不会喜欢）。但事情从来都不是一帆风顺的，界限模糊的问题不仅在于你将文书工作或邮件带入家庭生活，还有随之而来的担忧、焦虑和恐惧，这些都是你真正需要拒绝的部分。但是，当有重大的工作问题时，你很难不把工作带回家。如果你在心理上没有将工作和家庭明确分开，那情况只会变得更困难。

反之亦然，如果因为某种原因，家里的事情变得很棘手，工作可以是一种逃避的方法，它可以让你把对家庭的担忧抛诸脑后。我要强调的是，只有当你已经养成了把两者分开的习惯时，这种方法才行之有致。

法则 77

灵活工作

在英国和其他许多国家，灵活、弹性的工作制度越来越常见。[1]虽然雇主不一定会答应，但是你有权提出要求，实际上这也是一种文化问题。这意味着人们可以灵活地工作，而且这样做也有利于雇主降低成本、提高生产效率。

当然，弹性工作制一直都是可行的，我们也都可以提出弹性工作的要求，即使这在过去很难得到上司的批准。现在弹性工作制越来越普遍，如果传统的工作时间使你压力倍增，那你就有必要考虑一下这个问题。无论你的需求是出于逻辑还是出于情感，灵活的工作方式都是一种保持健康和愉悦的有效方式。

不管你是因为找不到人在放学后照看孩子，还是因为你更喜欢独自工作，或因为你想偶尔享受一下小长假，只要你的雇主能从你身上获得和以前一样的（而非更多的）价值，那么这个提议就是完全可行的。

创新很重要，灵活工作不只是工作时间的问题。当然，你可以

---

① 这是新型冠状病毒肺炎疫情带来的为数不多的好事情之一。

> 创新很重要，灵活工作不只是工作时间的问题。

要求早一点开始和结束工作，或者在午餐时间工作，然后早点下班，你也可以有其他的选项。重要的是，你要知道，在不影响公司收益的情况下，什么方式对你有效。曾经一位上司给了我一个选项，让我缩短所有的午休时间，变成每隔两周的周一都可以休假。我本来可以拒绝，但实际上我把握住了拥有固定小长假的机会。

你可能会要求保持正常的工作时间，但是可以有几天时间在家办公或在其他场所工作。你甚至可以要求做兼职，并按比例减薪——这并不适合每个人，但也许它正是你现在所需要的。你也可以要求转变角色以灵活工作。例如，与需要和客户面对面打交道的工作相比，伏案工作可能会给你更多灵活工作的空间。

这一切都是为了让你尽可能地保持健康和快乐。如果工作不能让你健康和快乐，那你就得做出一些改变了。弄清楚解决方案是什么，然后竭力争取。诚然，在家工作或晚上工作对某些职位来说不太现实，但如果你的上司重视你，那他应该会愿意找到一种适合双方而不是适合他自己的工作安排。

记住，即使在家工作，你也可以改变工作时间。如果你不喜欢早起，那么可以把开始工作的时间调整到适合自己的时间。你要思考如何优化你的工作时间和工作地点，让每个人都受益。

法则 78

保持身心同步

你是那种一觉醒来就可以立刻开始新的一天的人吗？你会在起床之前查看邮件，在洗澡时还想着会议安排，在出门前狼吞虎咽地吃一片吐司吗？我们很多人都这样。我们几乎意识不到自己在洗漱、穿衣、吃早餐时的动作，因为我们的大脑要领先我们身体 1 小时。

这种情况稀松平常，尤其是当生活繁忙或工作任务繁重的时候。你可能认为每天只工作 8 小时不够，可以再增加 1 ~ 2 小时。但是，在这段时间内工作的效率通常都非常低。当你洗澡或刷牙时，你真的能完成一部分工作吗？那封邮件真的这么紧急，以至于你必须要在早上 9 点之前回复吗？

当工作充满压力或挑战时，你更不应该如此。在一天才刚开始的时候，你就没有给自己任何喘息的空间，战战兢兢开始了一天。所以，让你的大脑和身体保持同步。想想你的家庭，专心享受你的淋浴和早餐时间，专业陪伴你的伴侣和孩子。

你不必早起加班——我并不是一个建议人们早起的人，我也不喜欢早起。因此，除非你出于自愿，否则你不必改变自己的日常生活习惯。重要的是，你在做这些事情的时候，你的大脑并没有与你的身体保持同步。担心还没发生的事情不仅徒劳无益，也不利于心理健康。

在理想情况下，你在到办公室之前不应考虑工作事务。毕竟，你的上司在你到公司之前不会给你发工资，所以你为什么要这么做呢？你可以在通勤地铁上读读书，在开车的时候听听广播，在骑自行车或步行的时候享受好天气。我理解偶尔会有那么一天，你想要为当天的大型面试或演讲做好心理准备，但这种情况应该很少发生，你应该有效地利用这段时间去计划或排练，而不是担心或焦躁。

> 在理想情况下，
> 你在到办公室之前
> 不应考虑工作事务。

你还在为那封上午 9 点才能回复的电子邮件发愁吗？无须这样。因为只要你没有在上班前查看邮件，你就不会知道它的存在。当你开始工作的时候，给自己时间跟上进度。如果你能掌控你的一天，那就安排 30 分钟的时间来为一天做准备，优先处理紧急的事情。所以现在，你可以查看邮件了。

你的同事会发现你在上午 9：30 之前没空，因为你要利用这 30 分钟的时间为一天做准备并优先处理你的紧急事件。如果你的工作总是需要准时开始，而且你对此无能为力，那就试着提前半小时到公司，这样你就能在一天的工作开始前让大脑清醒。当然，你可能得早起一点，对此我深表同情，但你会感觉好很多。我自己有时也会这么做，这是非常值得的。

法则 79

享受工作环境

如果你喜欢你的工作环境，那么它会对你的心理健康产生积极的影响。你应该在一定程度上对你的工作环境有一些控制权，除非你的单位采用办公桌轮用制，或者你在车间这种共享空间工作。实际上，如果你的工作地点一直在变化，那这条法则就没有那么重要了。

所以，从办公桌上寻找一些乐趣，获得一些自豪感吧！让你的办公桌变得个性化。其实，只要保持整洁就会有很大的不同。例如，你可以在办公桌上放一两张全家福照片，或者放上一个你最喜欢的吉祥物。像这样标记我们的领地是我们的本能，因此，这样做能令人心情愉悦。即使没有办公桌，你也可以把共享区域装饰一下，或在办公桌轮用时带上一张你最喜欢的照片。

鲜活的植物能给你带来健康和快乐。大量研究表明，在办公空间内放置一些植物有益于健

鲜活的植物能
给你带来健康和快乐。

康。它们能提高创造力和生产效率、减轻压力，还能改善空气质量；它们还可以在视觉上装点工作环境。我指的不是那些容易积灰的塑料

植物，而是真正的植物。你必须给它们浇水。很多室内植物照看起来非常容易，对多久浇一次水也没有太多的要求。问问周围的人并征求建议，确保你选择的植物与你养护植物的能力相匹配。

如果你对办公空间有足够的掌控权，那就思考一下，在工作的时候，你喜欢看窗外吗？你能在文件柜上腾点地方放盆植物吗？可以在墙上挂一幅画（而非年度规划表）吗？

在家办公时，打造好办公的环境也至关重要。当你的桌子挤在放置脏衣服和纸箱之间的空隙里时，你很难有动力工作。如果你大部分时间都是在家工作，那创造一个你真正喜欢的空间就尤为重要了。确保你能轻松地拿到任何东西，这样你的工作会更加顺畅。如果真的没有一个更好的地方放置你的办公桌，那至少整理一下脏衣物和纸箱。

如果可能的话，在家里创建一个独立的工作区域，可以是阁楼、车库、备用卧室或露台，但最好不是在卧室或休息区域里。记住，你需要能够在一天结束的时候或者周末"关机"（见法则 76）。如果你把办公桌放在厨房或客厅，那这就难以实现了。

法则 80

建立秩序

"时间管理"这个词带给你什么感受？有些人从井然有序和高效工作中获得了极大的乐趣，而这个词却让另一些人感到恐惧、内疚和痛苦。每个人都不一样，如果你不是一个天生善于规划的人，那你就没有必要为此感到羞愧了。然而，如果你想在工作时照顾好自己，如果你想在结束一天的工作时感到满足而不是疲惫不堪，那么建立秩序很重要。当你的外部世界平静而有序时，你的内心会更容易感受到平静和有序。

> 如果你想在结束一天的工作时感到满足而不是疲惫不堪，那么建立秩序很重要。

我知道我花了很多时间建议你活在当下，而且我坚持这一点，因为这是避免不必要的压力的真正捷径。然而，当涉及工作中的实际情况时，它就不适用了。如果你不提前计划、组织、安排，那你就会把一整天的时间都花在"救火"上。两周前的次要任务会变成现在的紧急事件，因为你没有及时处理它们，它们变成了怪物。你把时间都浪费在寻找那些不应该放错位置的东西上，或者为你还没有做的事情向别人道歉。你收件箱里的邮件变得越来越多，其他人感到沮丧并拿你出气。这些场景熟悉吗？

你为什么要这样对自己呢？如果你在稀松平常的日子里都觉得压力很大，那么你究竟要如何应对那些真正忙碌而又疯狂的日子呢？这不难找到答案。你可以去看看你周围那些有计划性的人和没有计划性的人，然后自己去找到答案。

变得有计划性的最大障碍是，如果你是那种连收件箱里的邮件都处理不好的人，那么要管理好你的整个职业生涯看起来太困难了。当然，你还有另一种选择，在你余下的工作生涯中，你每天都在压力和疲惫中追赶自己。想象你接下来的几十年都要这样生活，再想象一下每天处理收件箱，你就会发现哪种做法更好了。

很多事情在一开始都不是轻而易举就能做到的，你需要付出很多努力，但一切都是如此，从学习骑自行车到学习代数。有趣的是，有些在这方面出类拔萃的人往往起点很好。我认识一些患有运动障碍和注意缺陷障碍的人，对他们来说，有计划性、有条理性是一个巨大的挑战，但令人惊讶的是，他们变成了最有条理的人。这是因为这个问题太严重了，如果不解决这个问题，他们就很难保住一份工作。因此，他们别无选择，只能制订相关策略来让自己有计划、有条理，结果他们表现出色。如果他们可以，那么我们也能。

你没有时间来让自己变得有计划性、有条理性吗？别找借口了。慢慢来，你需要一些努力，但绝对值得。你可以每天抽出半小时的时间来按日程处理事情，并给自己一些喘息的空间。很快，这就会成为一种习惯，你会平静下来并且感到满足。

法则 81

久坐不宜，起来活动

如果你不运动，你的身体就会变得僵硬，你的思维也会陷入一种刻板状态——有时可能是积极的，而有时则可能充满了担忧、沮丧或紧张。简单地活动一下身体可以让你的身体和大脑从一成不变的状态中得到休息。因此，每天有规律的运动对你的健康十分有益。

> 简单地活动一下身体可以让你的身体和大脑从一成不变的状态中得到休息。

如果你是园艺工作者、工厂主管或外科医生，那你的工作就会让你运动起来，至少在物理层面上是这样的。如果你一整天都坐在办公桌前，那你就需要让自己多活动活动。如果你计划每隔30分钟站起来走动一下，你可能只需要去上厕所、冲杯咖啡，或者复印那些不是很紧急但却给你理由走动的文件。

试着记录一下你现在活动的频率。你可能认为自己每30分钟都活动一次，最后却发现你几个小时都没有离开过椅子。仅仅是养成每30分钟活动一次的习惯就可能会是一个很大的改变。如果你需要开长时间的会议，那你更需要在开会前多运动一下，因为你在会议期间不能随意地、频繁地站起来走动。

无论你是园艺工作者还是外科医生，你都需要让自己的大脑活动起来，身体活动可以帮你做到这一点。你也可以把思绪短暂转移到别的事情上①，以此保持大脑的灵活性。补充水分对所有人来说都很重要，因此哪怕只是停下来一分钟去喝点水，环顾周围，这些都是有益的。

当然，这并不适用于所有情况。作为一名作家，当我文思泉涌的时候，我最不想做的事情就是打断我的思路。当一切进展顺利时，久坐是没问题的。当你需要精神上的休息，停下来几分钟伸展一下腿也未尝不可。然而，如果你在某项任务上感觉很吃力，那就休息5分钟吧，休息后你会发现僵局被打破了，一切又开始顺畅了起来。

这就是为什么午休时间如此重要。即使只有15分钟，你的身体和大脑也能得到放松。当然，可以散步的日子就更好了。在中午休息1小时是令人愉快的，但这并不总是能实现。对于某些工作来说，这几乎是不可能的。如果你真的没有1小时的午休时间，那就争取至少30分钟的午休时间。如果可以的话，去散散步，最好是在绿地上而不是在污染严重的道路上。随着时间的推移，这30分钟的时间累积起来会让你变得更放松、更宁静和更高效。

---

① 外科医生注意，不要在手术中这样做。

法则 82

适时请假

当你生病时，如得了流感，你会请一天假甚至几天假，不是吗？你的上司会理解（他们在生病时也会这么做），你会等到身体基本恢复后再去上班。病假期间，你会照顾好自己。你或许会躺在床上，为自己准备一杯热蜂蜜柠檬水，或准备一个热水瓶。一旦你开始慢慢康复，你可能会看电视，吃一些爽口的美食。

那么，当你身体状况良好，但精神或情绪却很挣扎的时候，你会做些什么呢？我猜你会不顾一切地去工作。这其实和得了流感一样，你并不处于最佳的工作状态，而且你需要更长的时间才能康复。此时还在坚持工作对你和你的上司都没有任何意义。一周三天好好完成工作比一周五天三心二意地敷衍了事更高效。因此，当你真正挣扎的时候，你可以选择偶尔请一两天假让自己恢复健康，就像你处理身体上的疾病一样。

你需要制定一些基本规则。你不能仅仅因为身体状况不佳就隔天请假。就像身体疾病一样，只有在确定休息一两天会让你在接下来的工作中更有效率的时候，你才会请假休息。而这并不意味着，在你没心情工作的时候，我会为你提供逃避工作的理由。请假是一种应

> 你无须因为偶尔花一天时间
> 关注自己的心理健康而内
> 疚，这对大家都有好处。

该谨慎、明智使用的资源。但当你真正需要请假的时候，你无须因为偶尔花一天时间关注自己的心理健康而内疚，这对大家都有好处。

幸运的话，你会有一个开明的上司理解你，或者你自己就是管理者。如果不是，你需要坦诚地告知你的上司你需要休息。我从来不提倡撒谎，但隐瞒部分事实并不难。你可以说你感觉很糟糕，但不用具体说明你是需要照顾你的情感还是身体。

即使你的上司或同事不明白全面照顾自己的必要性，你也不必盲目遵循他们的方法。你是成年人，你可以为自己负责任，你可以通过偶尔释放精神压力来让自己保持良好的状态，进而在工作中保持最佳状态。

法则 83

学会倾诉

有时候，当一切不在你的掌控范围内时（来自工作或家庭的压力），上一条法则非常重要。但有时候，你很难在一两天就能解决这个问题，或者你开始每隔几周就需要停工休息一下。例如，当你正面临着一个持续性的健康问题时，应对方法就截然不同了。

你可能曾经遇到过心理健康问题，也可能第一次遇到这样的问题。你可能会莫名地感到情绪低落，或者清楚地知道某些外部因素（如压力）导致了自己情绪低落。你发现自己无法像平时那样处理事情，此时继续工作只会让事情变得更糟糕。

你需要做出一些改变，而且这不是你独自能完成的。因此，你需要学会倾诉。出于各种原因，我们通常不愿意这么做，因为有些人可能认为这样做就是在承认自己的弱点，而有些人不知道如何表达，或者觉得自己还没有做好准备。然而，当你开始感到不知所措、无法独自应对时，你需要认识到，迟早有一天，除了向他人倾诉，你别无选择。所以，早点做这件

> 迟早有一天，
> 除了向他人倾诉，
> 你别无选择。

事情是有道理的——你的问题越根深蒂固，解决起来就越困难。

让我强调一下，如果你在面对自己无法改变的问题（如离婚、丧亲或经济困难）时苦苦挣扎，那么这并不要紧，因为唯一需要改变的是你对这些问题的反应。事实可能无法改变，但这并不意味着你无法找到处理这些问题的好方法。

学会倾诉与交流很重要。在工作上，最理想的倾诉对象可能是你的上司。他们最有能力为你提供帮助，他们也需要了解为什么你表现不佳，如经常请假、工作效率低或对同事变得烦躁易怒。一旦他们了解了事情原委，他们会帮助你缓解压力，或同意你灵活地安排工作，抑或调整你的任务量。你的上司这么做是因为其想让你以最好的状态工作，而不是关心你。

当然，你的上司可能没有那么亲切友善，或者他们甚至是造成相关问题的原因之一。此时，你倾诉的对象还可以是你的朋友、同事、顾问或治疗师。他们能帮你找到解决问题的办法，或者在恰当的时机告诉你的上司。除非你能在没有任何支持的情况下解决问题，否则他们迟早都需要知道。一旦他们知道了，你肩上的担子也就轻了。

法则 84

关心团队

你不是一座孤岛，你的情绪会受周围人的行为举止的影响。你一定有过在一个氛围和谐、运作良好的团队、小组或班级中工作或学习的经历，也经历过单调乏味甚至是"有毒的"团队。团队的氛围和风气会对你的精神状态产生重大影响，因此，如果你希望工作能令你有所收获，同时能拥有积极健康的心态，那么竭尽所能培养一个快乐的团队对你大有帮助。

你的行为通常会反射到你自己身上，这适用于各行各业，当然也会有一些例外，例如有些人有时候可能会以粗鲁回应善意，以愤怒回应平静。然而，在一般情况下，一分耕耘，一分收获。因此，如果你想成为一个友善、相互支持、相互鼓励的团队的一员，那么实现这一目标的最好方式就是让自己表现出这些特点。

如果你所在的团队有 20 个人，其中 19 个人都无礼、言行不一、心胸狭窄，那么你可能会经历一场艰难的硬仗。然而你需要确定他们没有反射出你自己的行为。表明立场并不容易，但如果每个人都被团队的负面风气同化，那么这种情况就很难改变了，除非有足够多的个体决定逆流而上。

然而，更有可能的情况是，你所在的团队中的每个人都会经历起起落落，会有开心的日子和糟糕的日子。当压力来临或者某个主导人物心情不好时，整个团队都可能被压垮。这是一个人真正可以做出改变的时候，如果那个人是你，不管其他人是否加入，你都将获益匪浅。因为在影响到其他团队成员之前，人们会开始转变对你的态度。

如果你是领导者，你可以做出巨大的改变。在小团队中也是如此。即使你在大型团队中担任初级职位，你仍可以让自己的工作体验更愉快、更积极。而且，在这个过程中，你也可以让其他人开心、振奋。

> 你所要做的就是为人友善、有礼貌、说"请"和"谢谢"、微笑、关心同事以及学会倾听。

你所要做的就是为人友善、有礼貌、说"请"和"谢谢"、微笑、关心同事以及学会倾听。在乎他们，理解他们偶然的人为失误，提供帮助和支持，这并不困难。

要做到恰当地表达感激，不要只说"谢谢"，而是要具体说明为何感激对方。例如，"你真的帮了我大忙了，你那么快就得出了这些准确的数据，太让人佩服了"。大量证据表明，表达感激会让双方都感觉良好。它能建立你的自尊，让你更有使命感；还能减少压力，让你成为一个更好的管理者。因此，谢谢你阅读这条法则，也谢谢你认真思考如何更好地照顾你的同事。

第 10 篇

退休

即将退休的时候，你可能会感到兴奋、气馁、担忧、兴奋、悲伤、愉悦或解脱。也许，你会同时产生多种情绪，远不止列出的这些。退休是一个重要的里程碑，是生活中的一个巨大变化。自此之后，很多事情都将不同。这有利有弊，而你要做的就是尽可能地让利大于弊。

虽然你不可能掌控所有的情况，但你可以掌控其中一些。例如，你是要一个人住，还是和伴侣或家人一起住？你是住在原处，还是打算搬家，甚至是搬离原来的城市？你的经济状况如何？你是否有必要缩减开支或搬家以降低生活成本？

控制感是影响你退休生活的重要因素。如果你觉得你是被迫遵从那些强加于你的事物，那么你可能会产生一种无力感和脆弱感。但如果你把退休看成一个能让你按照自己意愿去塑造未来生活的机会，那你将更容易接受并充分享受退休生活。

退休并不是短暂的状态，未来还有几十年的退休生活在等着你。而且，你在刚退休时喜欢做的事情或能做的事情，在 10 年、20 年甚至 30 年后不一定想做。你和你的生活都会发生改变，这与你现在的经历如出一辙。回头看看 20 年前的你，你当初能预料到现在的变化吗？接下来的 20 年可能会给你带来同样多的变化。

因此，当你退休时，不要让自己被自己所做的决定所束缚。你只需要将这看作生命之河的另一个弯道。即使你还有好多年才退休，下面这些法则也能帮你未雨绸缪（所以你没有理由跳过这一部分）。如果你即将退休，那么这些法则将会帮助你享受退休生活。

现在未必是永远

你即将退休，这将是一个巨大的转变。你将离开职场、同事并告别多年的生活方式甚至整个成年生活。你不再需要每天通勤，不再需要在早晨穿上工作服，不再需要查看工作邮件，不再有人紧急联系你，也不再有人需要你的意见、决定或判断。一切都将安静下来，喝咖啡、读报纸将变成你待办清单上最紧迫的事情。

这很可怕，是吧？悬而未定的未来生活会让你心生胆怯。即使你计划在退休派对的第二天就开始环球旅行，但你依然是朝着未知迈进，你会感到不安。

我的一位朋友管理着一家拥有千余人的企业，最近他退休了。曾经，公司里的每个人都很尊敬他、钦佩他，希望获得他的认可，需要他的许可、决定或领导。他退休了，那些人都不再需要他了。他不再享有权柄，也无须承担责任。他不再觉得自己在他人眼中是一个重要人物。他明白，即使退休了，他仍需处理一系列复杂的情绪问题。

这个朋友现在过得很好。他天生乐观且一直关注退休的益处。现在，他养了一只狗，每天带着它长时间散步。对这只狗而言，他便如曾经他对于企业及员工那样重要。他的经历说明退休只是人生中的一件事，退休生活才是最重的事情，两者截然不同。

虽然退休的过程可能会很痛苦，但你可以享受退休后的生活，这是完全有可能的甚至是常见的。从工作状态切换到退休状态可能会让你压力重重，切换方式也可能出乎你的意料。即使你真的不喜欢退休，你也要去期待那些意料之外的事情，并努力在过程中发现乐趣，反思那些你从未意识到你会怀念或令你惊讶的事物。观察自己如何做出改变。这会给你一种超然的感觉，帮你应对退休，并有效地分析和处理情绪。

> 反思那些你从未意识到你会怀念或令你惊讶的事物。

在探索退休生活的过程中，永远不要忘记，退休只是单个事件，这些感受和情绪不会永远持续下去。就像几十年的婚姻生活和你的蜜月期完全不同，退休与你最后一天上班是完全两回事。你目前正在经历的任何创伤都是短暂的，你比以前有更多的自由去将生活塑造成你心中的样子。

法则 86

不必一蹴而就

我的一位老朋友是名校长。当他接任校长职务时，前任校长仍住在附近，这使我朋友的工作相当棘手。任何新上任的领导都会推出新政策，但每当他这么做的时候，家长和学生就会向前任校长抱怨，而前任校长不但不支持他的继任者，反而会认可家长和学生的看法，认为新政策根糟糕。因此，我的这位朋友决定，当他退休的时候，他将搬离这个地区，不去削弱继任者的权威。

20 年后，他说到做到。一退休，他就搬到了另一个城市。这是一个巨大的生活变化。他不再是任何人的上司，也不再是当地社区受人尊敬的人物，他和他的妻子也不得不结交新朋友，寻找新的活动来打发时间。幸运的是，他是带着积极的心态去处理这件事的，而且结果也很好。然而，离开工作、朋友和熟悉的一切，这可能会极大地破坏你的生活。

所以除非你愿意，否则不要这样做。如果你喜欢一次性改变所有事情，这固然好。但除了一次性按下开关键以外，你还有很多方法慢慢地进入退休生活。管理一所学校并不是一份可以轻轻松松做好的工作。你要么做，要么不做。但也有很多工作，你可以逐渐减少工作时间或工作职责，让这些变化更加循序渐进。事实上，我那位退休的朋友在搬到另一个城市后，在一所学校对面买了一栋房子，他在那里兼职教了几年数学。我想，成为另一所学校大家庭的成员对他的转变有很大帮助。

如果你不太喜欢退休，那就不要把它当成退休，而是把它当作一种工作上的改变，然后要么

> 如果你不太喜欢退休，那就不要把它当成退休。

慢慢地减少工作，要么换另一份工作——可能是兼职工作，也可能是志愿工作，但它保留了很多你喜欢的元素，如团队合作、走出家门或发挥才能。换句话说，你可以做一些让自己感觉仍然在工作的事情，例如，在当地的慈善机构做志愿者，每周为当地的一家小公司兼职工作几天，或在当地学校听孩子们读书。

即使你是因为工作原因住在某个地方，这也并不意味着你必须在退休后就搬走。你完全可以在一两年后再搬到距离孩子更近的地方或者搬到其他你喜欢的地方。为什么要这么匆忙呢？你现在自主地拥有所有的时间，以你感觉最舒服的节奏去享受退休生活吧！

虽然选择众多，但问题的关键在于你退休之前要认真考虑你退休的方式。你是那种迫不及待想要退休的人，还是那种想要慢慢享受退休过程的人？一旦你知道哪种方式更适合你，那你就制订一个计划，这样一来，顺利过渡到退休生活就容易多了。

法则 87

像孩子一样飞翔

即使循序渐进，退休也将会是一个很大的变化。孩子们成家的年龄越来越晚，我们会发现退休的同时（至少在几年内），孩子们也终于离开了家。这让退休看起来像小孩子玩游戏那么轻松。

但请记住，和退休一样，孩子们离开家也只是单个事件。你将持续地处在孩子不在身边的状态。

和退休一样，这看起来很糟糕，我不会假装它没有任何负面影响，它当然有。但就像退休一样，无论你是单身还是两个人，你都可以把它变成积极的事情。

如果你退休的同时，孩子们也离开了家，那么你的生活就会发生巨大的变化。然而，令人高兴的是，这两件事情会带来莫大的好处，因为它们都给了你自由。从过去到现在，工作和孩子可能是你生命中最大的束缚。但现在，这些束缚都没有了，你可以随心所欲。多么令人如释重负啊！你想要干点什么呢？

如果你什么都不做，整天因怀念孩子和工作带来的使命感而闷闷不乐，那么你可能会相当痛苦。当然，你可能最终会战胜它，但为什么要去经历这种痛苦呢？如果你觉得适应退休生活很困难，那就提前计划好应对方案。毕竟，你在很多年前就能预见到这一时刻了。

> 如果你觉得适应退休生活很困难，那就提前计划好应对方案。

毫无疑问，我见过的能妥善处理退休事宜的人都是那些有计划的人。他们能确保到退休的时候，自己还有事情可以忙。我有一个单身的朋友，她进行了一次永生难忘的旅行，这既让她庆祝了自己重新获得自由，也让她转移了注意力——在退休前不再惴惴不安、不再担心，在退休后不再闷闷不乐。不仅如此，旅行在外的时候，她已经习惯了每天没有工作和孩子的生活。因此，回到空荡荡的房子开始另一种不同的生活也变得容易多了。她也有意识地为旅行归来后的生活做了计划，她在日记里记录了很多可以帮她重新回归生活的内容。

当然，这不必是一场大冒险，尽管你可能会认为将令人愉悦的闲暇时光变成人生中浓墨重彩的一笔意义非凡。你可以去一个安静的乡村小屋住一周，与好久不见的朋友会面，学习画画，或者任何适合你的事情。不管你是否这样做，确保你有足够多的事情让自己忙起来，这样你就能像孩子们学着享受独立一样享受自己的独立。

法则 88

管理好家庭

我认识一位可爱的女士，她迫不及待地想要退休，因为她很难腾出时间去工作。由于母亲病得很重，她不得不搬过去照顾母亲。她母亲在吃饭、睡觉和购物方面需要帮助。除此以外，我朋友有三个孩子，她孩子的孩子也都需要照顾。所以，她从她母亲那里，到孙子那里，再到其他孙子孙女那里，不停地忙活。现在明白她为什么对退休感到如此开心了吧。

尽管大部分人很喜爱孙子孙女，但还是希望退休后能有一点时间来享受自由时光。对退休者的家庭成员而言，他们可能会把家人的退休视为一次机会，让退休者做一些他自己未必想做的事。这两者之间可能会有一些交集，但如果你没有明确的界限，你将会承受被"剥削"和利用的风险。

> 你需要清楚地知道界限在哪里并表达出来。

当然，大多数家庭成员并不是想利用你，如果你不表达清楚，那么他们可能意识不到自己越界了。为此，你需要清楚地知道界限在哪里并表达出来。你最好在退休之前就这样做，因为这比以后试着去解释你为什么要减少花在照看孩子、照顾他人或为他人购物上的时间，要容易得多。

那么，界限在哪里呢？这完全取决于你自己。重点在于，这是你的时间，你可以自由选择分给他人多少时间，你不需要有愧疚感。

处理这件事的最好方式或许是，思考如何度过闲暇时光，然后满足家人愿望。你虽然白天可以帮忙，但晚上却想自己独处；你虽然很乐意照顾孩子，但不愿意长时间地照看婴儿和蹒跚学步的小孩；你虽然愿意在平日照顾父母，但需要周末休息。这完全是你自己的选择，你要谨慎许诺，然后提供比承诺更多的帮助，千万不要出尔反尔。

这是你自己的决定，无须向任何人解释。不要让他们给你施加压力。最难应对的家人可能是那些没有尽心照顾父母的兄弟姐妹。他们会告诉你，他们比你忙得多，但那是他们的问题。我有几个朋友，他们非常乐意承担大部分赡养工作，因为他们的兄弟姐妹在海外，他们知道承担赡养工作是不可避免的。但当人们知道如果他们的兄弟姐妹偶尔做点牺牲，就完全可以做得更多时，他们便会生出怨怼之心。俗话说："一个巴掌拍不响"，这种局面其实是双方共同造成的。所以不要试图证明你的立场和决定，否则对方会让你处于不利地位。你只需要重申你的界限在哪里，并一如既往地坚持下去。

法则 89

重新解构关系

如果你和伴侣住在一起，那么退休将对你们的关系产生很大的影响。我见过因为退休而关系破裂甚至离婚的伴侣，也见过因退休而变得更加亲密的伴侣。如若你们的目标是后者，那么你们需要一起考虑退休可能产生的影响，并制定一套新的基本规则，但务必保证规则具有灵活性，因为有些事情可能不会像你期望的那样发展。与建立良好关系相同，沟通至关重要。

这些基本规则是什么呢？这由你自己决定，但我可以给你介绍一些我观察到的经常需要改变的地方。其中，最关键的一点可能是家庭分工，如果你们中的一个人已经有一段时间没有工作了，那么这个问题就更棘手了。

我遇到的最大问题是，在退休之前，夫妻已经平均分配了职责：一人负责工作挣钱，而另一人负责家里所有的家务——洗衣、购物、打扫卫生和做饭。这是一种保证家庭顺利运转的合理的工作分配方式。当其中 50% 的挣钱养家的份额不再存在时，合乎逻辑的做法是将另外 50% 的工作量平均分配给团队中的两名成员。如果不这么做，两人就可能会出现问题，因为全职照顾家庭的一方被期望像以前一样继续照顾家庭，双方的付出会变得很不公平。事实也确实如此。所以，如果你是即将退休的那一方，你就必须意识到你在家里需要承担新的责任。

很重要的一点是，如果全职照顾家庭的一方认为其刚得到了一个新的助手来服从和听命于他，那么这很可能会引起对方的不满。没有人会希望自己从一个部门主管变成一个被斥责没有正确使用吸尘器清理地板的人。因此，即使你愿意移交你的部分工作，移交责任也不是一件容易的事情。完全移交责任非常重要，不要把它当

> 没有人会希望自己
> 从一个部门主管变成
> 一个被斥责没有正确使用
> 吸尘器清理地板的人。

成委派任务。在开始移交责任之前，双方需要就二人都认可的劳动分工达成一致，然后保持规则的灵活性，并持续对其进行评估。

此外，因为你们现在大部分时间都待在家里，所以你们也需要找到处理其他事情的正确方法，例如，你们在一起待多长时间，这段时间可以做些什么，你们彼此需要多少隐私。你们（或其中一人）或许需要拥有自己的空间。记住，你们无须有着同样的规则，除非你们希望如此。

如果你们差不多同时退休，那么适应退休可能变得很容易。不管怎样，你完全有可能过上幸福的退休生活，只要你们保持步调一致，经常交流，并对疑问之处提出意见。最重要的是，不管你是否是即将退休的那一方，你都要清楚了解对方的想法。

法则 90

你无所不能

如果你 60 多岁才退休，那么我相信你一定非常健康、活跃。毕竟，你一直工作到 60 多岁。也许你比以前更容易感到疲倦，也许你觉得自己已经准备好迎接更轻松的生活，但从本质上来说，退休后的你和工作时的你并没有什么不同。

你还没有到膝盖上盖着厚毯子坐在摇椅里的时候。既然现在不必每天去上班，你应该更精力充沛，至少，当你从退休庆典和停止工作的情绪震荡中恢复过来时会这样。你不可能在接下来的几十年里呆呆地看着远方，等待死亡之神的到来。你需要让自己忙起来，需要对世界充满兴趣，并让自己感受到生活的乐趣。

> 你需要让自己忙起来，
>
> 需要对世界充满兴趣，
>
> 并让自己感受到生活的乐趣。

我希望你在退休前已经考虑了这个问题。你可能制订了周游世界的宏伟计划，或决定打高尔夫球，抑或是花很多时间陪孙子孙女。如果你不期待退休，那可能是因为你还没有想过那些吸引你的事情。所以，好好想想吧！而且你应该在退休之前就好好想想（如果你及时阅读了这条法则）。这是应对退休的一大关键，也是确保你能愉悦地享受退休生活的重要方式。

你只需要为接下来的几年制订计划，你没有必要为余生以及不可预见的挫折与坎坷制订计划。现在，你主宰着自己的生活。如果计划并未像你所期待的那样成功，那么你可以随时修改或放弃计划。但无论怎样，这个计划能给你的人生一个焦点，助你轻松过渡到退休生活，并享受退休生活。

如果工作压力大，那么你的愿望可能就是在退休后待在家读读报纸或看看电视。但是，你能这样坚持多久而不会备感无聊呢？当然，这在前一两周可能是一个令人愉快的改变，如果你喜欢，这也没什么坏处。但在那之后，你便需要找点事情做了。

我认识一位银行经理，他退休后就开始在当地的一处景点做志愿者。我也认识一些人，他们在退休后写完了他们一直想写的书。我的两个朋友在偶然的情况下创办了一家公司，公司的规模很小，并不耗费他们太多精力。有些人学会了画画、弹钢琴、说另一种语言，还有些人周游世界，或成为自己喜欢的领域中的专家，或建造了一个美丽的花园，或利用工作所长为自己专业领域内的小企业提供咨询服务。他们都很享受退休后的生活，因为那对他们有一种特别的吸引力。看到了吗？你无所不能。享受其中吧！

优雅地老去

以前老年人往往被认为更聪明、更值得尊重。但如今，如果你生活在西方国家，那么你经常会发现，一旦退休，就再也没有人会对你感兴趣了。这种烦恼的根源在于，时代发展得太快，你的语言、爱好、技术、音乐品味以及对大众文化的理解都已经过时了。

这令人沮丧，因为你仍然可以像你的同龄人一样给予很多东西。虽然一些人到 90 岁的时候还没有积累任何智慧，但大多数人会在生活中不断学习。

但如果其他人不愿意听呢？至少在西方文化里，人们不再仅仅因为年龄而受到尊重。从很多方面来看，这是一件好事，因为人需要去赢得尊重，而年龄不会自动赋予人见识和智慧。一般来说，人们不会重视他们没有征求过的意见。往好了说，这种建议听起来像是一种居高临下的建议；往坏了说，这是一种批评。他们礼貌地点点头，微笑，然后忽略它。所以，除非有人要求，否则不要费心提供建议。

重点是，你要保持年轻的心态，因为这能让你与时俱进。不必惊慌，你无须和你的孙辈有同样的音乐品味，也无须学习街头俚语，更无须掌握计算机编程。保持年轻不在于学习技能，而在于心态。只要你能保持开放的心态，对世界充满兴趣，你就会变得年轻。当你看到年轻人做事情的方式和"你的时代"不一样时①，不要去评判他们，而是找出事物变化的原因，并理解其中的逻辑。如果人们没有请你提供建议，那么其可能不需要你的建议，但人们总是珍视好的倾听者。倾听年轻人的声音（恰当地倾听）也会让你保持年轻。

保持年轻不在于学习技能，而在于心态。

你越早采用这种方法越好，因为保持内心年轻的最好方法就是和年轻人交朋友。一定要花时间与同龄人相处，也要与比你年轻20岁、30岁甚至40岁的人相交。你可以和家中的小辈一起闲逛，除此之外，你还有许多方式。人们会被朋友的观点（即使他们与你的观点不同）和态度吸引，而不是他们的生理年龄。因此，一种开放、有趣、容易被接受的方式会有助于你结交各个年龄段的朋友。只有这样，当你变老或朋友们不幸离世时，至少还有人会支持、质疑和关心你，而且他们可能也会向你征求建议。

---

① 我把这个短语放在双引号里是因为我不喜欢它。在我看来，每一天都是你的时代、我的时代、每个人的时代。当你说"在我那个年代"时，就说明你已经接受了自己已经不再与时俱进的事实。你为什么要那么做呢？

法则 92

学会接受帮助

退休后，你可能会时常苦恼于自己的独立和自理的能力，你担心人们认为你已经老了。因此，任何向你提供帮助的建议都会让你觉得自己是无能的。然而，如果你年轻时曾帮助过老人搬重物、爬楼梯或下载应用程序，你就会知道你并没有把他们看成是完全无助、无能和无用的人。你只是把他们看作在特定活动中需要一些实际帮助的人，仅此而已。可能只是你觉得自己无能、无用。

正确的处理方式是，认识到你比别人更擅长做某些事情，而这些事情会在一生中不断变化。我们大多数人在蹒跚学步时需要别人搀扶，在怀孕或摔断腿时需要别人帮忙搬重物。事实上，我们在任何年龄段都需要别人帮助。同时，想想所有你不再需要帮助的事情，例如和陌生人说话（这曾经对大多数人来说都很困难），或者准备一顿丰盛的家庭晚宴。

在有些事情上，你现在比以前做得更好；但在其他事情上，你需要帮助。想想那些你擅长的事情，并将它们与你不擅长的事情进行对比。你会发现，随着年龄的增长，我们可以在很多事情上都做得更好，如玩儿填字游戏、控制情绪、烹饪、踢足球、拥有政治及历史方面的知识、释放压力、交朋友等当你七八十岁时，这个清单会越来越长。你会在更多事情上需要帮助，但你也会在其他事情上有所提高。

不妨从现在开始培养你寻求帮助和表达感激的能力。你需要真诚地让对方认识到他们的帮助对你有意义。你可能只需要说几句好听的话，但这却是一件很有价值的事情。现在你有机会去练习和提高这项技能，并为年轻一代树立榜样，他们迟早也会像你一样。

> 不妨从现在开始培养你寻求帮助和表达感激的能力。

记住，帮助别人会让帮助者感觉良好（见法则 34）。所以，让别人帮助你会让别人觉得他很高尚。在某种意义上，你也在帮助他们。因此，接受帮助也是给予帮助。想想看，你能接受的帮助越多，你带给他人的幸福总和就越多。谢谢你，你这样做真是太好了。

结识医生

没有人希望自己的健康每况愈下——再也不能快速地上下楼梯，再也没有敏捷的视力和听力。到 60 多岁时，你可能还能做其中一些事，但你最终会失去这些能力。如果你有膝盖关节炎、耳鸣或糖尿病，那么你可能会更早失去这些能力。

当然，这并不意味着你不能享受生活。事实上，我们中的许多人可能会对长跑、爬山等运动感兴趣，因为这些运动把我们从压力中解脱出来。即使随着年龄的增长，我们需要忍受各种伤痛，但找到一些保持活力的方法对大多数人依旧容易。

我们都会遭遇伤痛，如果你让它破坏了生活的乐趣，那么你最好现在就缴械投降，因为这些不可避免的病痛不会消失。有些人可能比其他人幸运，但衰老的身体最终都会出现磨损的迹象。即使是你认识的那些从不抱怨的老年人，他们也感受到了这种迹象。他们只是找到了一种不去关注它的方法。

记住语言的重要性，如果你经常称它为"伤痛"，这会比你将其称为"不适感"让你更疼。与其告诉别人你还在继续挣扎，不如告诉他们你感觉很好，这会让你更积极向上。你的大脑会倾听，并会从你谈论健康的方式中得到提示。所以，接受现实、乐观面对，这是你能做到的。

然而，我并不是说你应该忽略所有这些病症。你应时刻监控它们，密切留意它们，并尽你所能缓解它们带来的疼痛，但不要在日常的不适感中感情用事。到这个年纪，患重病的概率开始上升，你需要占据主动地位。这意味着你要好好熟悉医院的位置及就诊流程，但你不必每隔几天就为一件小事情急着赶去医院，请不要这么做。你只需要定期体检以便知道自己有哪些健康隐患，毕竟现在忽视这些情况的风险比以前高得多。

不要在日常的不适感中感情用事。

有些人总是在担心他们的身体康健，并且已经这样做了。但很多人只有在有迫切需求的时候才会去看医生。或许我们认为自己很健康，不需要做体检；或许我们担心不得不告诉医生一些令人尴尬的事情。是的，即使是和医生，我们都不想讨论身体功能问题，但是告诉医生你经常在夜里小便总比和他们讨论如何干预晚期前列腺癌容易得多。医生会理解你，并帮你找到合适的词语来表达——他们一直都在处理令病人难堪的事情。

即使这些病症谈论起来比较容易，也千万不要觉得你不想麻烦医生，或者你不想知道病情是否严重，抑或是你认为一切都很好，想清楚轻视健康隐患对你及你的家人产生的后果，然后去预约医生。如果事实证明你的身体状况良好，你又失去了什么呢？

法则 94

有话直说

没有人愿意思考有关死亡的问题，但不管是否愿意，它迟早会到来。虽然你的后事不再是你需要面对的问题，但你也不应让其成为别人的难题。如果你没有做任何准备，那么你为你所爱的人设置了一个难题。解决这个问题最简单的方法就是提前计划。这看起来有点残忍，但这却比把问题留到死神敲门时容易得多。而且，万一死神不敲门便不请自来怎么办？

> 务必为身后事做点什么，
> 然后抛诸脑后。

所以，务必为身后事做点什么，然后抛诸脑后。如果形势有变，或者你改变主意，那么你可以做出调整。我祖母留下遗嘱要求葬在她长大的小镇的教堂墓地。这让全家人都很吃惊。不久前在这个小镇度假时，我祖母对她妹妹说："你知道吗，我曾想葬在这里，但我现在觉得这太可怕了。"如果你在意你的葬礼安排，一定要让别人知道。

记住，人们会认为他们所继承的遗产份额等同于你对他们的爱的份额。你可能会认为女儿比儿子更需要钱，但如果你把一半以上的钱留给女儿，那么你的儿子会认为你对他的爱更少。如果你真的有足够的理由这么做，那么你需要和每个人谈谈，确保他们理解你的决定。

在理想情况下，尽可能让事情简单化。如果是重组家庭，或者家庭内有同父异母或同母异父的兄弟姐妹，那么事情会更加复杂。但无论如何，你要始终追求简单和公平，这将使起草遗嘱容易得多。这样一来，当死亡来临时，就不会有暗中操作或者博弈（要么只有一个受益人，要么平均分配）。

你需要考虑的不仅是遗嘱问题。我们死后，我们的家人将忙于各种后事。因此，务必要确保有人知道在哪里可以找到所有重要的文件以及密码。例如，让他们知道在哪里可以找到你的出生证明、保险合同、医疗卡等。我有个朋友用假名字注册了一个房屋互助协会的账户（那时候，人们还可以这么做）。在他突然去世后，他的妻子没有办法拿到那笔钱，因为除了一张塑料卡片，她无法提供任何细节材料，而且她不知道密码，她也无法证明她丈夫与这个账户之间的关系。幸好账户里钱不多，因为她除了注销账户，别无选择。

因此，想想那些你在乎的人，当你离开的时候，尽量让他们好过点。即使没有那些不必要的事务问题，生活对他们来说已经够难了。如果都做完了，那就尽情享受你的退休生活吧！

第 11 篇

挑战

生活有好有坏，有起有落，如同一股股浪潮时不时地向浅滩袭来。一些浪潮可能很美妙（如坠入爱河、获得一笔意外之财或得到梦想的工作）；另一些浪潮则可能是毁灭性的（如考学失利、伴侣离开、流产、遭遇人生巨变或失去爱人）。

当这些浪潮把你击倒，将你拖向一片荒芜之地时，你怎么找到回归坚实大地的路呢？在经历这些可怕的事情后，你该如何回到正轨——没有被击倒，没有崩溃，也没有争吵？

我制定了这组法则，以帮助你应对生活中那些真正重大的及潜在的毁灭性事件。这些重大事件需要大量的情感储备，而且你要确保你能有效地使用这些情感能量。这些事件（或其中的一些）有可能会永远地改变你，你要确信自己终有一天会战胜它们，变得更加坚强、睿智。当然，这也能帮你更好地应对下一次浪潮。

环顾周遭，你可以看看其他人如何应对。不幸的是，并没有太多人能完全摆脱困境。虽然你可能无法永远战胜它，但你总会等到拨云见日、云散月明的那一天，并从中汲取力量茁壮成长。这些法则将会帮你朝着这个方向迈进。

法则 95

期待"意外"的发生

当然，你不知道什么时候会发生可怕的事情，但这并不意味着它不会发生。你可能意识到了自己会考试不及格或你们的关系注定失败，但有些灾难是突发的，如流产或交通事故。事实上，你可能也并未预测到考试危机的临近或伴侣的离开。

灾难经常会在最不可能发生的时候到来，但这并不是你要时刻提防一些可能根本不存在的威胁并因此毁掉数年幸福生活的理由。如果事情进展顺利，你可能会产生虚假的安全感：你比很多人过得都好。所以，不要问"为什么是我"，而是问"为什么不是我"。

> 不要问"为什么是我"。

我并不是说，现在轮到你了，默默忍受吧。问题在于，如果你抱怨命运不公并不停地思量为什么是你遭受这些灾难，那这只会让你的处境更糟糕。然而，当你意识到你也有可能要承受这一切的时候，即便心有不甘，你也不会再抱怨命运不公，因为抱怨实际上起不到任何作用。然后，你就可以承认并努力改善这种糟糕的境遇了。

你可能觉得自己是唯一一个经历创伤的不幸者，但想想那些你认识的逃过一劫的人，他们此后又遭受了一些你未曾经历的灾难。也许那些生活幸福美满的朋友、兄弟姐妹或同事也会遭受命运的劫难，他们迟早有一天会理解你的感受。我希望你会为那些没有经历你所遭受之事的人感到高兴。

对大部分人而言，人生很长，灾难也会在不同的时间降临。我认识一些人，我原以为他们的生活一帆风顺，结果却发现在我认识他们之前，他们经历了沉重的打击，或者正在面对我没有意识到的严重问题。无论如何，将自己与他人进行比较徒劳无益。你要关注的是你此时此刻的境遇。

有时候，祸不单行，你需要为此做好准备；有时候，灾难随机发生；有时候，灾难互为关联。例如，父亲去世后你考试失败，或者你离婚后孩子就出现了进食障碍。这不是任何人的错，危机之间虽无直接因果关系，但它们密切相连。再强调一遍，问"为什么是我"徒劳无益。这些危机都是最开始投进你生命之河中的那块石头所产生的涟漪。灾难的种类有很多，你绝对不是唯一一个遭受某种灾难的人。

有些灾难百害而无一利，但你的确会惊讶于某些灾难带来的好处，即便这些好处要很久才能显露出来。有些人在经历毁灭性的分手后，却拥有了一段更加幸福的恋情；还有些人因为业绩不达标不得不调整职业规划，但他们最终会感谢自己放弃了那份职业。

接受现实

你不得不承认，生活中的重大事件会让你改变。这样的改变或多或少，或大或小，但你不会毫发无损。你能从一些事情中恢复过来，但有些事情，你只能勉强地挺过去。很多人不喜欢用"恢复"这个词，因为它暗示着事情还会回到从前的样子。如果你失去房子，伴侣离世，或孩子被诊断出患有危及生命的疾病，你知道事情再也回不到以前的样子了。即使最终你买了一套新房子，再婚，或者孩子身体康复，事情也都变得不再一样了，因为你已经改变了。

你可能也经历过类似的事情。当面临重大危机时，人们总想去对抗它，拒绝接受现实甚至妄想改变现实。如果你正舒适地坐着读这本书（请确保你感到舒适，否则你没办法专心读书），生活相对平静，那么让你接受现实可能没什么意义。但当你身处困境时，拒绝接受正在发生的事情是非常典型的反应。所以，我再重复一遍，接受现实。

我们已经谈到了"接受"这个词（这只是时间问题）。这个词经常会激起你强烈的情绪反应，因为它有时会被轻率地使用。人们会告诉你，当你还没准备好的时候，你应该接受现实，但他们压根不知道这是一种什么感受。在这一点上，我全力支持你。我不会告诉你应该怎么做，但我希望你能理解"接受"一词，并且明白它是如何运作的。

"接受"意味着你不再与自己无法改变的事情进行斗争，你承认你才是那个需要改变的人，你需要适应它并融入这个全新的世界。你不必喜欢它，也无须期盼它。只有明白生活中的重大事件会改变我们，我们才能开始与自己和解，并且我们也要愿意去经历这个过程。这就是你正在接受的：事情本就如此，你才是那个需要改变的人。

> 只有明白生活中的
> 重大事件会改变我们，
> 我们才能开始与自己和解。

当你准备好了，你就可以开始去探索你需要做出哪些改变来应对那些你无法改变的事情。当你开始那么做的时候，你就可以拿起行囊，开启改变之旅了。

法则 97

拥抱改变

我有个朋友，她 25 岁左右的时候与交往多年的男友分手了。从十几岁开始，她就一直有正式交往的男朋友。她属于那类分手后便能立刻交到新男朋友的人，但是这次分手给了她沉重的打击。当时，她确信自己应对不了分手带来的打击，失去伴侣的支持，她觉得自己迟早会精神崩溃。几个月后，她告诉我，她很惊讶自己还没有崩溃。大概 6 个月后，她开始意识到她或许不会崩溃，她完全能处理好自己的问题。

这一认识改变了她。突然间，她不再是那个曾经认为自己会崩溃的人。她是一个有能力的成年人，即使没有伴侣的支持，她也能应对各种问题，甚至可以出色应对。她变得更加自信，且愿意去等待一段新的恋情。当她和另一个人交往时，她不再那么依赖对方了，而是更愿意表达她的诉求，因为她知道除非她愿意，否则她不必维持这段关系。

那次毁灭性的分手经历改变了这位朋友，而且是永久性地改变了她。这个例子说明你在面临重大灾难时所发生的变化往往是不幸中的一线希望，我们可以花几个月甚至几年去拒绝接受已经发生的事情，拒绝改变，但实际上这些变化往往是灾难仅有的好处。虽然它们与你付出的代价不匹配，但它们是你可以从废墟中抢救出来的、唯一的、真正的金块。

> 你在面临重大灾难时所发生的变化往往是不幸中的一线希望。

在面对生活中的重大灾难时，我发现有的人变得充满怨恨、小心谨慎、脆弱不堪，但更多的人变得更加坚强、自信、灵活及富有同情心。当然，有时我并没有看到这些变化，因为只有他们自己才能看到，也许他们最亲近的人也可以看到。仅仅因为我们没有看到并不意味着这些变化不存在。

无论经历多么可怕的事情，你仍然可以从中受益。有时候，改变带来的好处甚至可以超过其导致的创伤。就像我朋友那样，在失去一段不会让她真正快乐的恋情后，她获得了一生的自信和自我满足，这些改变又促成了她现在非常成功的恋情。

我见过很多人虽然过着看似光彩迷人的生活，但他们也曾经历过危机，这让他们对经历困苦的人更加感同身受。所以，试着积极地审视自己改变的过程吧！此时此刻，你值得拥有那不幸中的一线希望，并确保自己在变得更好。这又是一个停止与不可避免的事情进行斗争、欣然接受改变的理由。

法则 98

顺势而为

20 世纪 70 年代，我在伦敦工作，我最好的工作伙伴死于一次炸弹袭击，我需要去辨认他的尸体。你可以想象这对我来说是多么巨大的创伤（我无法想象他的家人经历了什么）。我的上司让我休息几周，好好调整。在我觉得自己调整好之后，我又坐地铁回去工作了。下车后，我意识到自己还不能坦然面对这件事情，于是我走到对面的站台，又坐地铁回家了[①]。

事实上，从有些灾难中恢复过来的时间会比你想象中的要长，而且你通常并不处于做判断的最好状态。你需要照顾好自己，因为如果你现在给自己时间去恢复，那么你将会恢复得更快、更彻底。

显然，每次危机都是不同的，每个人也都是不同的，所以难以比较。值得注意的是，突然且意想不到的痛苦经历更有可能导致情绪休克，这是你大脑的应对方式，也是创伤后应激反应的形式之一。你可能会感到麻木、怀疑或孤立无援；你还可能会感到生气、极度悲伤、

---

① 我坐上回程的地铁两分钟后，地铁站外面那条街上的公交车站就发生了炸弹袭击。如果我继续去工作，那一刻我可能正经过那个公交车站。

孤独或害怕；你也可能感到疲倦、健忘、发抖、恶心、无法集中注意力。随着时间的推移，这种情况会慢慢减少，有时你可能需要几个月才能恢复。

在经历一些令人震惊的事情后，如果你发现自己处于惊吓状态，那么这并不奇怪。你可能只是目睹了一些事件的发生，如一

在经历一些令人震惊的事情后，如果你发现自己处于惊吓状态，那么这并不奇怪。

场可怕的交通事故，但目睹事情的发生本身就是一种经历。作为观察者，你已经成了事件的一部分。在那种状态下，你可能很难清楚地思考，也很难意识到自己处于极度惊吓中。但是识别并接受它会很有用，因为这样做能帮你更好地照顾自己。

那要怎么做呢？首先，别逼自己。你需要充足的睡眠和休息，不要把自己孤立起来，最重要的是让你的大脑和身体告诉你，你什么时候才能做好回归正常生活的准备。你不能按照别人的时间表行事，你只需要安然渡过这一关。其次，把情绪发泄出来，并尽量抵制像酒精这样的权宜之计，因为从长远来看，它们并不能解决任何问题。这个时候，你需要把自己放在第一位，也让别人把你放在第一位。

我见过一些人，他们在应激状态下做出了令他们日后后悔的选择，应激状态下的大脑不适合做出公平、正确的决策。因此，你应该将任何重大的决定推迟到必要之时。例如，不要在伴侣去世后就卖掉房子或辞去工作。现在就让它自由发展吧，你可以日后再考虑这些事。你的身心健康才是现在最重要的事情。

人生没有捷径

由于各种原因，你可能会经历或大或小的丧失之痛。有些人在辞去工作、卖掉房子或搬离一个地区时，会经历这种情况。丧失之痛也会伴随着房屋火灾、重大意外事故等灾难而来。悲痛总是伴随着失去，如失去家，失去四肢，失去爱人。悲痛是一种最自然的情绪，也是最难处理的情绪之一。

悲痛非常个人化，这让人们难以应对。即使遭受同样的丧失，我们也会有不同的感受，因为我们的大脑处理丧失的方式不同。所以，悲痛可能是一条孤独的道路，除了坚持走下去，我们没有其他出路。

对大多数人来说，失去挚爱最让人悲痛。有些人可能会告诉你悲痛有 5 个阶段，或者 7 个，这取决于你问的是谁。其实，这些话都没用（通常对你说这些话的人都没有经历过你经历的事情）。你可能会感受到其中一些情绪，但这些情绪没有特定的顺序，尽管一些情绪可能会比其他情绪持续时间更长。不同情绪会有交集，其中一些情绪可能会完全消失。了解这

> 了解这些的价值在于你能够理解自己正在经历的事情，并承认这些都是正常的。

些的价值在于你能够理解自己正在经历的事情，并承认这些都是正常的，不管你在做什么或没在做什么，也不管顺序如何。

伴随悲痛而来的情绪可能是愤怒。如果你忽视这种情绪，你会感到轻松，因为你并不想拥有它；如果你确实感受到了这种情绪，那就试着理解这就是你自己的情绪反应。你如何反应取决于你自己，一旦你最终控制了这种情绪（这需要时间），你就离战胜它又近了一步。

另一种伴随悲痛而来的情绪是内疚，你可能完全没有感受到这种情绪，这是个好消息。如果你确实感到内疚，但若能认识到很多人都如此，并且这是一种自然的反应，那这可能会让你舒服一点儿。你可能会因为你没有经历某种灾难，或者你没有阻止死亡或灾难的发生而内疚（显然，如果你当时知道这一点，你就会去阻止）。你可能也会因获得乐趣或再次快乐起来而内疚，仿佛你停止悲伤的那一刻便停止了关心他人。是的，这一切都很正常。虽然令人心痛，但很正常。

因此，不管你是否发现自己拒绝接受现实，或是与命运讨价还价，抑或是沮丧，这些都完全是个人化的。请记住，这是你到达彼岸的必经之路。每个人的道路都是不同的，但我们最终都会到达彼岸。你会改变，尽管伤痕累累，你也会变得更明智，并最终准备好拥抱全新的世界。

法则 100

原谅，但别遗忘

你还在生谁的气，或者在默默地生闷气？是谁让你不愿释怀，不想去接受他们的解释，认为他们不值得原谅？他们需要为其对你或你爱之人所做之事受到惩罚，你持续感到愤怒、痛苦或怨恨。例如，可能你的母亲或父亲很糟糕，可能你的商业伙伴欺骗了你，可能你的孩子从不听话，可能你的伴侣有外遇。

一些人心怀诸多怨恨，另一些人可能只对一两件事心怀怨恨。大家很容易这样想：只要你心怀怨恨、继续指责或不断重温伤害，你就是在一直惩罚那个待你不公的人。但是，你到底在惩罚谁？其实，最痛苦的人是你自己，诸如愤怒、痛苦、怨恨之类的情绪不会给你带来任何乐趣，它们就像一群蜇人的蜜蜂在你的脑袋里嗡嗡作响。你已经被伤害得够多了，为什么还要带着这种情绪生活呢？

原谅别人并非易事，因为原谅似乎意味着对方的不当行为无关紧要或已被遗忘。这些不当行为当然重要，但原谅别人并不意味着你忘记了他们给你带来的伤害。"原谅并忘记"这句话并不正确，因为这两者无论如何都不需要被绑在一起。

原谅的最终目的是接受（详见法则 96），而且你的原谅是为了自己而非他人。一旦你承认你无法改变过去，你就必须找到一种方式来与它共存并适应它。如此你会感到更自由、更快乐，这是你应得的。

你甚至不需要告诉对方你已经原谅了他。你可能从未告诉过父母，他们应对你不开心的童年负责；你可能因为朋友对待你的方式和对方大吵一架。在原谅他们后，你可以自己决定要怎么做。不管怎样，你不会忘记你的童年，也不会像以前一样信任你的朋友，但你已经接受了过去。

就我个人而言，当我从我母亲的角度来审视我的童年时，我学会了原谅。我意识到我的母亲过得不幸福，尤其是她一个人带六个孩子，她没有考虑到她的教育方式对我们的影响。平心而论，在二十世纪五六十年代，这不是一件父母会认真考虑的事情。这些理解可以帮助你接受别人的行为，无须理由。

为了你自己，多一些善意和体谅。找到一种方式，接受已经发生的事情，然后让它成为过去。这不是遗忘，而是接受。将文件安全存档的目的是你可以在需要的时候查阅，但你不必随时翻看。这样一来，你是不是感觉好多了？

> 为了你自己，
> 多一些善意和体谅。

如何使用法则

本书中的 100 条法则旨在为生活的方方面面提供指导。这些法则不是法令，没有人告诉你必须这样生活。它是对幸福及成功人士的习惯、态度和行为的观察与总结。因此，如果我们遵从这些法则，我们也会更幸福、更成功。虽然它们不是必需的，但是你又有什么理由不去遵从能让你变得更幸福、更成功的法则呢？

你可能会发现你已经遵循了其中一些法则，但你怎么可能一次学习大量的新法则并将其付诸实践呢？不要惊慌，这没必要。记住，你不必勉强自己做任何事。你做一件事，只是因为你想做。让我们把事情保持在一个可控水平，这样你才会渴望阅读这本书。

你可以根据自身喜好来阅读本书，如果你期望得到建议，以下是我的一些想法。首先，通读全书，挑出三四个对你影响重大的法则，或者阅读那些深深吸引你的法则，抑或是那些可以为你提供良好起点的法则。

在接下来的几周内，坚持使用这些法则，让它们深深地印在你的脑海中。一旦它们变成了习惯，你就不需要那么费力地执行它们了。之后，你可以再选择几个法则，重复这样的练习。

如果你进展不错，那就继续按照你的节奏使用这些法则。当你发现新的法则时，你可以自行添加。

如果把你发现的新法则保密，那就太可惜了，因此，请将它们分享给其他人。

版 权 声 明